畜牧养殖与疾病防治技术研究

吕仁龙　荣　光◎著

武汉理工大学出版社
·武汉·

内 容 提 要

本书是一部关于畜牧养殖理论及其相关疾病防治技术研究的著作。本书从现代畜牧养殖的实际需求出发，首先对现代畜牧业发展中存在的问题及其对策、我国现代畜牧业的发展趋势、畜牧养殖动物疾病病因及防控措施等进行研究。然后重点对生猪、奶牛、肉牛、肉羊、鸡等典型畜禽的养殖及疾病防治技术进行了详尽细致地论述。本书内容系统全面，理论与实践并重，适合畜牧养殖从业者和研究人员研读，对我国推行绿色畜牧业养殖技术，推动畜牧业发展有积极的意义。

图书在版编目（CIP）数据

畜牧养殖与疾病防治技术研究 / 吕仁龙，荣光著． -- 武汉 ：武汉理工大学出版社，2024. 8. -- ISBN 978-7-5629-7200-6

Ⅰ. S815；S858

中国国家版本馆 CIP 数据核字第 2024EV1810 号

责任编辑：尹珊珊
责任校对：严 曾　　**排　版：**任盼盼
出版发行：武汉理工大学出版社
社　　址：武汉市洪山区珞狮路 122 号
邮　　编：430070
网　　址：http：//www.wutp.com.cn
经　　销：各地新华书店
印　　刷：北京亚吉飞数码科技有限公司
开　　本：710×1000　1/16
印　　张：15
字　　数：243 千字
版　　次：2025 年 3 月第 1 版
印　　次：2025 年 3 月第 1 次印刷
定　　价：98.00 元

前言

随着社会的不断进步和人们生活水平的提高,畜牧养殖业已成为农业发展的重要组成部分,在保障食品安全、提高农民收入、促进农村经济发展等方面发挥了重要作用。但现代畜牧业在快速发展的过程中也面临着一系列问题和挑战,如疾病防控、养殖效益、环境保护等。因此,对畜牧养殖与疾病防治技术进行深入研究,对提高现代畜牧业的发展水平具有重要意义。

本书旨在全面介绍畜牧养殖与疾病防治技术,共6章。第1章为绪论,主要对现代畜牧业发展中存在的问题及其对策、我国现代畜牧业的发展趋势、畜牧养殖动物疾病病因及防控措施等进行阐述。第2章为生猪养殖与疾病防治技术,详细介绍猪场建设,猪的繁育、营养与饲料、饲养管理,猪场的经营管理以及粪污及废弃物处理,猪常见疾病防治等方面的技术要点。第3章为奶牛养殖与疾病防治技术,重点介绍标准化奶牛场建设,奶牛的品种与繁殖技术、饲料与营养、饲养管理,挤奶技术以及奶牛的粪污处理技术,常见疾病防治等内容。第4章为肉牛养殖与疾病防治技术、第5章为肉羊养殖及疾病防治技术,分别介绍了牛场建设与环境控制技术、肉牛良种繁育技术、饲草生产和草料加工利用技术、饲养管理技术以及生态羊场的规划与建设、日粮配制、品种与繁殖、肉羊的饲料管理、肉羊常见的疾病防治等方面的内容。第6章为鸡的养殖及疾病防治技术,详细阐述鸡场选址与布局规划、品种选择、鸡饲料及饲粮配制、鸡的饲养管理以及鸡常见疾病的防治等技术要点。本书通过系统阐述各种动物的养殖技术和管理要点以及常见疾病的病因、诊断和防治措施,为畜牧养殖从业者提供一本实用的技术指南,帮助他们提高养殖效益,降低疾病发生率,实现畜牧业的可持续发展。

　　在撰写过程中,本书参考了畜禽养殖、疾病防控相关方面的著作及研究成果,在此,向这些学者致以诚挚的谢意。由于作者的水平和时间所限,书中不足之处在所难免,恳请读者批评指正。

作　者

2024 年 4 月

目录

第1章
绪　论

　　本章主要对现代畜牧业发展中存在的问题及其对策、我国现代畜牧业的发展趋势、畜牧养殖动物疾病病因及防控措施等问题展开分析与讨论。

1.1 现代畜牧业发展中存在的问题及其对策

畜牧业在农业经济发展中具有举足轻重的地位,其大力发展对于满足市场对优质畜产品的需求以及实现农业经济的高质量发展目标具有重要意义。近年来,随着畜牧科技的迅猛进步,畜牧业的发展模式正在经历深刻的变革。各种先进科学技术的广泛应用,不仅优化了养殖品种结构,还改善了养殖环境,从而显著提高了养殖效益,并深刻影响了养殖户的思维方式。

构建现代化畜牧业体系,不仅是为了提高农民的经济收益,更是推动产业结构升级的关键所在。因此,无论是养殖户还是政府部门,都需要深刻理解现代化畜牧业发展目标的深远意义。他们应从思想和行为两个层面出发,转变传统的养殖观念和管理模式,积极推广并应用新型的养殖技术,以推动畜牧业朝着规模化、科学化的方向迈进。

1.1.1 现代畜牧业发展的问题

1.1.1.1 环境污染问题难以解决

随着畜牧业的快速发展,养殖密度的增加带来了粪污排放量的显著上升,这对农村环境构成了压力。空气质量受到影响,进而对提升乡村整体风貌造成不利影响。多数农户习惯将畜禽排泄物随意排放在居住区附近,导致环境污染问题日益严重,土壤和水资源也受到影响。尽管粪污处理设施的建设至关重要,但由于资金限制,农户往往难以承担相关投入,从而加剧了环境风险。

1.1.1.2 动物防疫工作开展不到位

疫病的暴发会严重降低畜禽的养殖效益和产品品质。某些疾病传播迅速，甚至可能导致大量动物死亡。以非洲猪瘟为例，该疫情曾导致大量生猪死亡，对生猪养殖业造成巨大损失，进而影响猪肉市场供应和价格。疫苗接种是预防疾病的关键，但农户对疫苗接种的重要性认识不足，补种意识薄弱，影响了疫苗效果。此外，粗放的管理方式、养殖环境差、卫生不达标以及营养不均衡等问题也降低了动物的抗病能力。

1.1.1.3 病死动物处理不合格

尽管规模化养殖逐渐成为趋势，但仍存在大量散户养殖，这增加了监管难度。因此，随意丢弃病死动物的问题屡见不鲜。这些病死动物携带的病毒和细菌会持续污染环境，成为疾病传播的源头。部分农户为避免经济损失，可能会将病死动物出售，从而增加了食品安全风险。

1.1.1.4 基础设施不完善

基础设施的完善对畜牧业发展至关重要。目前，乡村地区与其他地区的物流仍存在障碍，动物在长途运输中容易出现应激反应，增加疾病风险。此外，随着消费者购物方式的变化，线上购买畜禽产品的需求不断增加。乡村地区物流和信息基础设施的不足，特别是冷链运输的缺乏，导致畜牧产品在运输过程中容易变质，无法满足消费者的需求。

1.1.2 现代畜牧业发展问题解决策略

1.1.2.1 加强环境污染控制

环境污染控制是当代畜牧业发展中必须重视的问题，它契合了生态绿色养殖的理念，旨在降低面源污染对乡村环境的负面影响，进而优化乡村环境。在养殖场内部，应安装能够自动收集粪便的系统，这样不仅能有效的将粪便和尿液一并收集,还能进行干湿分离处理。经过适当的处理,废弃物可以转化为有机肥料,用于农业生产。这种做法不仅防止了粪污的随意排放,还有助于构建种养结合的循环经济模式,从而降低养殖和种植的成本,对提升农民的经济收益具有显著的正面效应。

1.1.2.2 建立完善防疫体系

(1)及时接种疫苗。预防接种是阻止疾病暴发的关键手段,能有效预防疫病的广泛传播,帮助动物体内形成防病抗体,以抵御外部病原体的侵袭。鉴于目前部分农户对免疫接种的认识不足,有关机构应针对强制性疫病免疫工作制订详尽的实施策略和方案。应遵循全面预防接种的原则,做好疾病的预防工作,并建立起免疫效果评估机制,对接种效果进行持续追踪与监测。同时,鼓励农户与相关部门合作,共同完成抗体水平的检测,并对抗体水平偏低的动物进行及时的补充接种。例如,应要求农户对高致病性禽流感、口蹄疫、小反刍兽疫、布鲁氏菌病等常见疫苗进行接种,以预防流行病的暴发。此外,还应对农户进行预防接种方面的培训,明确接种流程,并强调使用一次性接种工具按规范操作,以提升接种的品质,并防止接种过程中的交叉感染。

(2)坚持科学管理。科学化的管理方式对于防止细菌繁殖、阻断病毒传播以及增强畜禽的体质和抗病能力至关重要,也是推动现代畜牧业持续发展的关键。农户应定期对养殖环境进行消毒处理,建议每周至少消毒一次,以及时消除区域内的病原微生物,防止疾病的扩散。当同一批次的动物出栏后,应对养殖场所进行全面彻底的消毒,以确保下一批动物不会受到残留病原体的威胁。

在养殖场内应安装智能温湿控制系统,以便根据外部环境的变化自动调节圈舍内的温度和湿度,为畜禽提供舒适的生长条件,并减少因环境温度剧烈变化而引起的应激反应。

同时,应改善饲养管理策略,根据畜禽不同的生长阶段调整饲料配方,确保营养均衡且口味适宜,从而激发畜禽的食欲。

1.1.2.3 优化病死动物处理

为提升处理效率,构建健全的病死动物处理系统,有关机构应创建在线监督管理平台,充分利用信息技术的优势,强化对病死动物的监督与管理,并为养殖户提供一个报告信息的途径。该平台应集成GPS定位、紧急呼叫服务、病死畜禽报告、补贴申请、养殖场地注册等多种功能。养殖户一旦发现病死动物,即可通过线上平台及时上报,处理中心在接到报告后将迅速赶赴现场进行处置。

鉴于病死动物分布广泛且数量差异较大,相关单位可考虑在大型养殖场内设立冷藏库,主要负责存放散户或养殖场内的病死动物。当病死动物积累到一定数量时,可进行集中处理。为了防止病死动物流入市场,相关部门应为养殖户提供相应的补贴,对出现病死动物的养殖户给予资金支持,以避免其为追求经济利益而将病死动物出售给不法分子。

1.1.2.4 推进基础设施工程建设

畜牧业产业结构的优化是推进乡村经济发展的关键所在。为了加快产业升级的步伐,应致力于完善道路、通信和网络等基础设施,提升养殖业的效益和增加产品的附加值。

在畜牧业中,不断从外地引入优良品种,同时也将培育出的新品种或养殖动物输送到其他地区,这会导致全国各地畜牧业产品的流通需求不断增长。因此,乡村地区应优先考虑建设和改善道路工程,包括延长现有公路的里程和对破损道路进行修复,从而提升道路的使用效能。在产品运输过程中,部分产品需要冷藏保存,应加强冷链物流运输的建设,以防止产品在运输过程中变质。此外,网络基础设施的完善也应被视为重点。尽管目前5G网络的覆盖范围正在不断扩大,但乡村地区仍然存在信号质量差的问题,需要集中精力解决这一问题,强化信号覆盖,以推动畜牧业电子商务的发展。

1.2　我国现代畜牧业的发展趋势

1.2.1 畜牧业的发展方式

1.2.1.1 进行严格统一化管理

在各行各业中,管理策略均占据着至关重要的地位,它对于行业的运营效率及持续发展具有深远的影响。若想要在畜牧业中崭露头角并开拓广阔的发展前景,必须推行一套缜密且标准化的管理体系。

畜牧业与人类生活紧密相连,各类牲畜如猪、牛、羊等的健康状况,均对人类福祉产生直接或间接的影响。因此,在畜牧业中,必须实施一套严密且统一的管理规范。若缺乏规范化的管理,往往会导致员工工作热忱减退,从而产生各种疏漏,给企业带来不必要的损失。在畜牧业发展中,实施严格的管理举措至关重要,其中包括定期对牲畜及其饲养环境进行全面的清洁与消毒,对进出人员及牲畜品种进行严格管控。这些措施将有效降低某些传染性疾病的传播风险,进而减少经济损失。执行严格且统一的管理策略,不仅能够提升企业的核心竞争力,更能为消费者提供更加安全健康的产品选择。

1.2.1.2 采用循环经济的发展模式

在任何生产过程中,唯有彻底消除资源浪费,充分利用每一环节的"产出",方能实现经济效益的最大化。借助循环经济模式的运用,畜牧业有望实现成本优化、环境改善,并奠定持久发展的基石。

畜牧业生产流程中潜藏着众多可循环利用的环节。倘若能有效挖掘这些环节的潜力以推动循环经济的发展,将对畜牧业带来深远的积极影响。例如,有学者构建了稻谷—水塘—水禽的生态链模型,此模型能充分利用各环节产生的废弃物,它深刻诠释了循环经济的核心理念。在畜牧业中融入循环经济模式,整合饲料种植、畜禽养殖和畜禽排泄物的循环利用,不仅可以降低畜牧业的生产成本,还能提升其经济收益,并带来可观的生态效益,促进绿色转型。

在养牛、养羊等生产环节中,当牛羊摄食种植的饲料后产生的排泄物,可经由畜禽粪便处理装置进行加工。原本可能引发空气污染的畜禽排泄物便能实现资源化转化,变为肥料进行再利用,用于培植牛羊所需的饲草。此外,这些排泄物还可以进一步加工成肥料进行销售,既提升了经济效益,又有效防止了畜禽排泄物对空气和土壤的污染。通过采纳循环经济模式,畜牧业有望在维护自然生态的基础上实现经济效益,达成双重目标。这种与生态和谐共存的发展方式具有可持续性,也符合我国当前所倡导的发展理念。

1.2.2 畜牧业的未来发展趋势

1.2.2.1 现代机械的畜牧业发展趋势

在我国不断推进现代化的背景下,无论是制造业还是服务业,均逐渐呈现出以全自动化生产逐步取代人力劳动的趋势。可以预见的是,畜牧业在未来的发展中,也必将与现代化、机械化深度融合,进而构筑更为宏大的发展框架,实现生产方式的机械化与现代化。这一变革将极大推动畜牧业的发展,引领其进入全新的发展阶段。

畜牧业在我国经济体系中具有举足轻重的地位。为了确保该行业未来能拥有更为广阔的发展前景,应致力于推进其现代化进程。此进程应以现代化管理理念为先导,而机械化是实现这一目标的重要基石。机械化生产在当今产业领域已得到广泛应用,其不仅能有效节省人力和财力资源,还能显著减少对各类资源的浪费。在畜牧业的发展过程中,机械化生产可大幅提升生产效率,使整个生产过程更为便捷、系统且管理有序。例如,在一些西方发达国家,已经实现了从牲畜出生到加工成食品和日用品的全流程自动化。我们有理由相信,在不久的将来,我国的畜牧业也将达到甚至超越这一发展水平。①

自动化机械在牲畜养殖方面也发挥着举足轻重的作用，能够有效解决畜牧业生产中的一些技术难题。

（1）人造草场智能化机械。随着我国畜牧产业的不断发展，饲草料的需求日益增长。过度利用天然草场可能导致土地退化，进而对环境造成破坏，且逐渐无法满足草食动物的需求。饲草是畜牧业发展的基础，而草场则是牛羊等家畜赖以生存的基础。因此，必须加速推进人造草场的开发和利用，以确保饲草的充足供应。在此过程中，人造草场智能化设备发挥着至关重要的作用。

（2）饲草料智能化收割机械。这类设备能够高效收割家畜所需的各类牧草，具有迅速、高效且质量上乘的特点。使用此类机械能彻底解放人力，降低成本。以智能牧草收割机进行收割，可以精确控制牧草距离地面的高度，以确保牧草能够快速再生，并有效防止因过度放牧导致的土地退化。

（3）饲草料智能化加工机械。饲草是畜牧业不可或缺的物质基础。智能饲草加工设备能够根据不同的需求加工出多样化的饲料。在加工过程中，这些设备能自动进行成分调配，确保加工出的饲料最适合家畜需求。这类设备对初入畜牧业的养殖人士尤为适用，可确保家畜得到健康的饲养。

（4）畜禽智能化饲养机械。机械自动化正逐渐成为畜牧业的发展趋势，而家畜智能化养殖设备则是实现全智能化、自动化养殖环境的关键。此类设备能划分不同家畜的生活区域，并在各区域内创造最适宜的生存环境。各区域均能实现智能化喂食、环境清洁、通风换气以及家畜健康状况的实时监测。对家畜进行编号，可实现对每只家畜的精准监控，从而确保家畜的健康成长，提升产品品质，更好地满足消费者需求。

（5）畜禽排泄物处理机。在保障家畜饲养和生活环境的同时，其排泄物也需得到妥善处理，以避免环境污染。家畜排泄物处理机能够将家畜排泄物进行干湿分离，部分设备甚至能直接将排泄物转化为有机肥料，从而有效解决家畜排泄物对环境造成的污染问题。

展望未来，畜牧业将广泛应用上述机械设备，并与现代机械紧密相

① 张玉磊,乔泓博.畜牧业发展方式及其未来发展趋势 [J].科技风,2023（25）:161-163.

连。在机械的助力下,畜牧业将迈向新的发展高度,在带来更高利益的同时,也将实现环境保护和人力解放的双重目标。未来的畜牧业将是智能化、自动化的,同时也将是更加环保和卫生的。

1.2.2.2 新发展理念作为指导思想发展畜牧业

任何行业的发展都必须与国家宏观政策导向相一致,并紧密跟随国家的发展战略,这样才能确保在发展过程中获得正确的理论指导并明确前进的方向。只有与国家政策保持高度契合,才能实现行业的健康、有序发展。

对于畜牧业而言,其发展必须紧密跟随国家的宏观政策导向,这样才能赢得国家和政府的大力支持。以"新发展理念"为行动纲领,着重关注绿色发展和创新驱动两个方面,这是畜牧业在未来拓展广阔发展空间的重要前提。

在绿色发展领域,可以积极运用现代机械技术对畜禽粪便进行高效处理,实现固液分离,从而降低空气污染。同时,可通过科学投放治理药物和种植水稻等生态环境保护措施来修复受污染的河流。此外,也可利用各种先进机械设备实现人造草场、智能割草以及草皮的循环生长,改善生态环境并防止土地退化。在创新层面,畜牧业可以积极引进各种现代机械设备以提高生产效率,并探索构建经济共同体的新型发展模式来推动乡村畜牧业的繁荣。这种模式能够将各方的利益紧密相连,从而最大限度地激发利益相关者的生产积极性,促进畜牧业的快速发展。

"新发展理念"是国家倡导的重要发展思路,也是中国未来发展的主要方向之一。将"新发展理念"作为畜牧业发展的核心理念,着重解决与环境污染相关的问题,畜牧业的发展必将迎来新的阶段。

任何行业在发展过程中都必须权衡国家和集体的利益。畜牧业在追求经济效益的同时,还应充分考虑生态效益和社会效益。只有将这些因素全面纳入发展规划,畜牧业才能实现可持续发展。因此,畜牧业应以"新发展理念"为指导思想,坚持绿色发展理念,规避环境污染等问题,从而为自身创造更大的发展空间。

在畜牧业的发展进程中,紧密跟随国家的"新发展理念",将有助于解决空气污染、土地退化等环境问题,并持续为国家提供安全、健康的畜产品。在"新发展理念"的引领下,结合创新思维,畜牧业的生产链将更加现代化、机械化,并提升员工的经济满足感和企业认同感。在这样的背景下,畜牧业的发展必将迎来新的契机。

1.2.3 畜牧业个体户的未来发展趋势——建立经济共同体

随着社会经济的演变和市场结构的调整,为了获取更大的经济效益,小型畜牧业经营者需要将各自的利益紧密结合,特别是在那些畜牧业发展相对滞后的地区。这些地区的个体户可以考虑构建一个类似于协作组织的合作社来共同发展。以下是构建合作社的基本步骤。

在合作社成立之初,应首先设立一个小型的畜禽排泄物处理中心。该中心将配备专业的畜禽粪便处理设备,用于对畜禽排泄物进行加工处理,实现干湿分离,从而有效防止畜禽排泄物对环境的污染。同时,采用投放环保药物和种植水稻等手段来修复已经遭受污染的水渠,改善当地环境状况。这一举措不仅符合国家的"新发展理念"政策,还能为合作社赢得政府的支持和资助,为其快速发展奠定坚实基础。

在环境治理的过程中,积极宣传合作社的理念和计划,使更多的畜牧业经营者了解和参与进来。随着环境状况的改善和经营者对合作社计划的认知加深,邀请他们加入合作社,共同成立一个乡村畜牧业合作社。合作社成员将集中建设规模化养殖场,解决分散养殖的问题,提高养殖效率。养殖场将采用先进的自动化管理系统,包括自动喂食、智能通风等,以降低人力成本,提升管理效率。每头畜禽都将被编号管理,便于追踪和优选繁殖,从而提升畜禽的质量和数量。此时,所有成员的利益紧密相连,经济合作联盟初步形成。

经过一段时间的精心养殖,当畜禽达到出售标准时,合作社将采取线上线下的销售模式,利用网络平台销售新鲜的肉类和高品质的毛皮等产品。合作社可以与知名的网络媒体公司合作,通过直播销售的方式迅速打开市场,实现双方的共赢。在物流方面,为了解决乡村地区物流不便可能导致的产品变质问题,合作社可以与快递公司建立长期合作关系,确保当地物流的便捷性,实现畜牧业产品的快速配送。

通过上述措施的实施,由个体户组成的合作企业将逐步成形。从养殖到销售再到排泄物处理,一个完整的产业链条将逐渐形成。作为合作社的股东,个体户们将拥有与大型企业竞争的实力。为了进一步提升竞争力,合作社还应考虑扩大规模,不仅局限于一个村庄,而是延伸到整个乡镇乃至县区。届时,一个强大的经济合作社将应运而生,使个体经营者具备与大型企业抗衡的实力。

只有构建经济合作社,乡村地区的畜牧业才能得到真正的发展。乡村生产的畜牧业产品才能与大型企业生产的产品相抗衡,从而为乡村农民带来更多的经济利益。

1.3　畜牧养殖动物疾病病因及防控措施

对疾病成因的深入理解,能够帮助人们认识到多种因素对动物健康的影响。疾病成因包括微生物引发的感染、营养不足、周遭环境、遗传特质、外部因素以及毒素和其他有害物质的侵害等。全面把握这些病因,可以更精准地评估潜在的健康风险,进而设计出具有针对性的预防措施,以此来降低疾病的发生概率及传播范围。为保障畜牧业的稳健与持续发展,提出并实施有效的预防措施显得尤为重要。养殖场与养殖户可以通过科学接种疫苗、精细化饲养流程管理、提升饲料品质、改善养殖环境、实施遗传优化以及合理使用治疗性药物等多种手段,来降低畜禽疫病的出现频率及扩散风险。

1.3.1 动物常见病

在畜牧业中,动物若感染疾病,不仅会影响其体质,产生负面反应,还会对其生长速度和生产质量产生不利影响。轻微的病症会拖慢动物的成长速度并影响其性能表现,而重症则可能致命。更需警惕的是,某些疾病具有传染性,尤其是那些能同时感染人类和动物的疾病,它们不仅威胁动物生命,也对人类生命安全和食品安全构成风险,进而可能带来重大的经济损失。

1.3.1.1 传染病

在畜牧业中,传染性疾病是对经营者造成经济损失最为严重的疾病类型,其危害不容小觑。这类疾病主要由真菌、细菌、病毒等多种病原微生物引发,传播极为迅速,且感染率高,死亡率高。部分疾病不仅会在动物间传播,还可能跨越物种感染人类。传染病的扩散能力强,特别是在养殖密度大的情况下,疾病可能在极短时间内蔓延至整个群体,甚至导致大量死亡,造成灾难性后果。疾病初期,动物可能出现腹泻、食欲减退、抵抗力减弱等症状。传染病的发生具有一定的季节性特征,如夏季和潮湿环境下细菌性疾病的发病率较高,而冬季则多见如口蹄疫、猪瘟、新城疫等病毒性疾病,这些疾病传染性强,对当地畜牧业的发展构成不利影响。

1.3.1.2 寄生虫病

由寄生虫引起的疾病对动物的生长具有不良影响。这类疾病主要是由于环境卫生不佳所导致的。寄生虫通过动物的饮水和食物进入体内,或在动物体表寄生,从而导致动物生长发育受阻,影响其健康状况。寄生虫在宿主体内吸收营养,致使宿主营养不良,生长迟缓。寄生虫在体内的移动还可能造成器官损伤,引发疾病或危及宿主生命。动物体内的寄生虫会随粪便排出体外,污染环境、水源、饲料及饲养用具,进而感染其他健康动物。若舍内含有寄生虫的粪便未及时清理或未进行无害化处理,也会增加其他动物的感染风险,对养殖业造成不利影响。

1.3.1.3 非传染性疾病

除了传染病和寄生虫病外,动物还可能患上一些非传染性疾病,如肠道疾病、产科病、外科病、内科病、代谢病和中毒病等。这些疾病主要是由于动物抵抗力下降所引起的。例如,在动物刚出生时以及妊娠动物产前产后阶段,由于身体机能下降,容易患上这类疾病。引发此类疾病的原因主要有三点:一是环境温度变化大;二是养殖环境卫生不佳,食槽和饮水中滋生细菌容易引发肠胃不适等;三是对动物的饲养管理不当或发生意外导致中毒、外伤等。这类疾病不具有传染性,造成的损失相对较小,通常局限于个别个体或特定事件。

1.3.2 发生原因

1.3.2.1 动物自身原因

引发动物疾病的原因主要有:(1)在动物的妊娠期,若母体受到疾病侵扰,其新生后代可能天生就携带某种病菌,一旦这些新生动物的抵抗力下降,它们就容易发病,且发病率较高;(2)在养殖过程中引入新品种时,若未能执行严格的疾病筛查机制,可能会引入体质较弱或对环境适应能力不强的动物品种,从而提高了动物患病的风险。

1.3.2.2 饲养环境因素

许多个体和小规模养殖场的卫生条件往往不尽如人意,从而增加了疾病发生的概率。(1)若养殖场未能实施严格的消毒措施,特别是在高温或阴雨天气,细菌会大量繁殖。环境中的病原体和微生物会降低动物的抵抗力,对新生动物和新引进的品种影响尤为显著。一旦这些动物患病,可能会引发大规模感染,给养殖场带来严重损失。(2)若环境清洁工作不到位,会增加病原体的传播途径。环境中的微生物和寄生虫等都可能导致疾病的迅速扩散。

1.3.2.3 人为因素影响

目前,许多个体和小规模养殖户尚未充分认识到防疫工作的重要性。他们的防疫意识薄弱,且缺乏专业的防疫技术培训。在动物养殖过程中,由于缺乏疾病防控意识,会导致疾病发生概率上升。这主要体现在以下几个方面。(1)当地的畜牧养殖起源于个体养殖,因此无论是养殖模式还是疾病防控方式都显得不够规范。(2)在养殖过程中,对饲养管理的监督不够严格,没有采用科学饲养方法,导致动物在各个生长阶段得不到充足的营养,从而降低了它们的抵抗力。(3)在治疗疾病时,由于兽医的专业水平不足,可能会出现误诊或错过最佳治疗时机的情况,从而导致疾病的蔓延。

1.3.3 科学的防治策略

1.3.3.1 选择合适的养殖场所

一个优质的养殖环境对于保障动物健康生长至关重要,它能显著降低疾病的发生概率。因此,在规划和建设养殖场时,选择科学的养殖环境需遵循以下原则。首先,要确保场所具备良好的通风和充足的光照。通风不良是导致疾病发生的一个重要因素,所以在养殖场的建设过程中,应科学地预留通风口并安装必要的通风设备,确保每日至少有 2h 以上的通风时间,从而为动物提供一个优越的生长环境。其次,必须坚守清洁卫生的原则。患病动物的排泄物中常常携带病原体,若不及时清理,极易导致疾病的扩散。因此,养殖场应设立专门的畜禽污染物处理区域,以确保排泄物能得到迅速且无害化的处理,从而降低疾病的传播风险。

1.3.3.2 重视消毒工作

在畜牧业养殖中,执行严格的消毒措施对于阻断疾病传播、预防大规模感染至关重要。因此,养殖户必须对消毒工作给予高度重视,为动物创造一个舒适的生长环境。目前,某些养殖场对清洁管理的重视程度有待提高,这增加了疾病感染的风险。为了应对这一问题,养殖场应首要加强对员工的消毒意识培训,以避免细菌因消毒不及时而繁殖。地方疾控机构应加强对疾病预防控制责任的监督,并监督养殖场的消毒工作,以提高养殖的规范性,进而遏制疾病的传播。养殖场需对养殖过程中的每个环节进行精细化管理,确保每一步都符合管理规范,保持生产环境的清洁。同时,应引入先进的消毒设备,以提高消毒工作的科学性和规范性。

1.3.3.3 加强饲料管理

在畜牧业中,合理的营养配比是确保畜禽健康成长的关键,它能为畜禽提供均衡全面的营养,从而增强其免疫力和抗病能力,有效抵御各种传染病的侵袭。为了达到这一目标,饲养员必须提高对饲料管理的重视程度,在控制成本的前提下,选择质量上乘的饲料,并实现其高效利用。养殖者应当设计出科学的饲养计划,合理调配营养,以确保畜禽在成长过程中得到充分的营养供给。饲料的安全性对于畜禽的健康生长具有至关重要的作用。因此,在喂食之前,必须严格检查饲料的质量,杜绝使用过期变质的饲料,以预防畜禽患上消化系统疾病。此外,饲养员应树立科学的养殖理念,引进先进的养殖技术和设备,以全面提升养殖场的饲养管理水平。

1.3.3.4 完善疫苗防疫体系

随着疫苗对动物疾病的显著预防作用日渐凸显,饲养者们逐渐意识到了疫苗注射的关键性。注射疫苗是预防疾病发生的重要步骤。(1)饲养者需依据自身养殖场的情况,设计出既合理又科学的疫苗接种计划。鉴于疫苗在接种后的一段时间内能提供免疫力,因此在制定接种时间表时,应充分考虑疾病的传播规律。(2)选用合适的免疫途径十分关键。通常的接种方法包含滴鼻法、点眼法、刺冲法、肌肉注射法、饮水免疫法以及喷雾免疫法等。具体选择哪种方法,应根据预防目标疾病、疫苗类型以及接种方式来作出科学的决策。为了保证疫苗的有效性,应从正规厂家购买,并确保所购疫苗在有效期内。

1.3.3.5 合理控制养殖密度

当前,为了提升经济效益,许多养殖场在有限的养殖密度基础上增加养殖数量。他们希望通过增加饲养密度来限制动物的活动区域,以此促进动物的快速生长。但这种做法会引起饲养环境的退化,导致大量病菌的滋生,进而影响了动物的健康状况。因此,合理地调控养殖密度,可以有效地预防动物疾病的发生,进而保护养殖场免受重大经济损失的威胁。

1.3.3.6 制定完善的日常管理制度

畜禽饲养者必须根据动物养殖的规范,精细管理日常事务,构建完备的管理体系。首先,确保饮水的纯净,以防致病微生物污染水源。其次,饲料的卫生也至关重要,需根据动物的具体营养需求来精准配制饲料,同时确保饲料无菌,以保证动物的健康状态。在日常养殖管理中,饲养者应敏锐洞察动物的健康状况,一旦发现疾病,应立即对患病动物进行隔离,以防止疾病的广泛传播。

饲养者在引入新品种时,必须严格确保动物具备符合规定的疾病抵抗力,严禁引入携带疾病的动物。饲养者应对动物疾病的根源进行深入剖析,并采取切实有效的防控策略,以增强畜禽养殖对疾病的科学防范能力,从而降低动物疾病对饲养者经济收益的潜在冲击。

第2章
生猪养殖与疾病防治技术

近年来，我国养猪业呈现出蓬勃发展的态势，众多猪场纷纷转型，采用规模化和现代化的养殖模式，这一变革极大地推动了生猪产业的进步，显著提升了经济效益。然而，经济效益的提高也伴随着猪场疾病防控工作难度的增加。特别是在规模化的生猪养殖场中，一旦暴发流行性或传染性疾病，将给猪场带来难以估量的经济损失。本章对生猪的养殖管理与疾病防控进行深入分析与研究，以寻求更有效的应对策略。

2.1 猪场建设

现代生猪养殖业已经进入规模化、工厂化的经营模式,猪场运用一系列先进的技术和工艺,如先进的选种育种技术、饲料营养配制技术、猪舍环境控制技术、粪污处理技术以及完善的卫生防疫制度和饲养管理工艺等,以实现商品猪的高效生产。通过全进全出的流水式生产工艺,现代生猪养殖业实现了规模经济效益,使养猪生产实现高产、优质、高效、生态、安全的目标。规模化养猪作为现代养猪的初级阶段,已经取得了显著成效。

2.1.1 猪场的建设规模

猪场的建设规模不仅决定了投资金额和占地面积的大小,同时也影响着人力资源的配置。在规划猪场建设规模时,应综合考虑投资者的资金实力、预定的生产工艺流程、安全生产需求以及未来的发展方向。科学合理的规划,可以确保猪场建设规模既节约经济成本,又满足生产需求,为猪场的长期稳定发展奠定坚实基础。

2.1.1.1 存栏规模

猪场的建设规模应紧密结合生产管理工艺流程和预期的出栏头数来规划。以自繁自养方式为例,确定规模的关键在于基础母猪、后备猪和公猪的数量。通常,基础母猪的数量为预计出栏头数除以 18 ~ 20;后备猪的数量基于基础母猪每年约 35% 的更新率来确定;公猪则按照每 25 头基础母猪配备 1 头的比例计算,并每年更新 30%。此外,育肥猪的年出栏批次也是一个重要的参考因素。

商品猪场的建设规模应与其基础母猪的头数相匹配。具体而言,基础母猪数在 120 ～ 300 头，年出栏商品猪 2000 ～ 5000 头的猪场可视为小型猪场；基础母猪数在 300 ～ 600 头，年出栏商品猪 5000 ～ 10000 头的猪场为中型猪场；而基础母猪数超过 600 头，年出栏商品猪超过 10000 头的则为大型猪场。这样的分类有助于猪场管理者根据自身条件和市场需求，选择合适的建设规模，实现经济效益最大化。

2.1.1.2 场地面积

（1）猪场占地面积。猪场场地规划涉及生活区、配套服务区、行政区和生产区等，在建设过程中需综合考虑猪场规模、运营任务、性质特点及场地实际情况。通常情况下，为确保生产效率和卫生安全，可实施生产区与生活区、配套服务区和行政区分离等措施。一般建议占地面积达到基础母猪分配 20 ～ 25m²/头，即将上市的商品猪则分配 0.8 ～ 1m²/头。此外，在建设时还需预留足够的发展用地，以适应未来可能的扩张需求。这样的规划有助于确保猪场运营的顺利进行，同时预留了足够的发展空间。

（2）生活区面积。养猪场的劳动定员主要依据每人每年平均可生产的商品猪头数来确定。通常小型猪场的人均年生产能力约为 225 ～ 250 头，而中型猪场为 275 ～ 300 头。在人员结构上，生产管理人员的比例不应超过全场定员总数的 30%，饲养员的比例至少占全场定员总数的 70%。

2.1.2 猪场的选址与布局

2.1.2.1 场址选择

猪场场址的选择是猪场建设的首要步骤，其正确与否直接关系到猪场能否实现长期稳定发展并获取可观的经济效益。因此，在选址过程中，必须充分考虑当地的土地规划建设要求、水源条件、交通便利性、动物卫生防疫标准、环境污染防控等因素，同时还要兼顾生产工艺、组织管理和场区发展规划等各方面的需求。科学合理地处理这些生产环节之间的关系,才能够为猪场的未来发展奠定坚实的基础。

1. 社会条件

（1）政策条件。猪场作为一个污染程度较高的场所,其选址必须严格遵循当地政府的用地规划,确保所选地点在允许养殖用地的范围内。选定地点后,需要首先向当地乡镇人民政府提交申请,随后再向县级畜牧兽医主管部门和土地管理部门提出规模养殖项目的申请以及用地申请,以便进行后续的审核备案工作。这一系列步骤是确保猪场建设合法合规、符合政府要求的重要流程。

（2）环保条件。选择在远离村庄居民点500m以上的下风位置,猪场周围1500m范围内应避免存在化工厂、畜产品加工厂、屠宰场、医院、学校、水源供应地等可能对猪场运营产生不利影响的设施。

（3）运行条件。应确保有可靠的电源供应,且供电稳定,以保障猪场的正常运营;具备便捷的交通条件,便于饲料的运输以及产品的顺利运出。此外,较好的排水条件也是必不可少的,以确保能够妥善处理并排出生产和生活污水,维护猪场的卫生环境。

2. 自然条件

（1）地理条件。猪场应选择建在地势较高、干燥、平坦、背风向阳、开阔且整齐的地方,同时要求该地点位于无疫区。地形的坡度应控制在2%～5%,以确保场内雨水和污水能够顺利排出。

（2）水源水质。水源和水量的充足性也是关键,必须能够满足猪场内部生活用水、猪只饮水以及饲养管理用水的各项需求,确保猪场的正常运营和猪只的健康成长。

（3）能源供应。规模化猪场由于现代化水平高,所需机电设备众多,因此电力需求也相应较大。为确保猪场的正常运营,场址选择时应优先考虑靠近电源的地方,以便保障充足的供电,满足猪场各项设施的运行需求。

（4）防疫屏障。猪场选址的理想之地应拥有天然的生物屏障,如山川、河流或湖泊,这些自然屏障有助于提升猪场的防疫能力。若场地周围缺乏此类天然屏障,那么猪场必须确保距离交通主干道（如公路、铁路）1000m以上,同时距离居民区500m以上,这样才能满足防疫要求,确保猪场的安全与卫生。

2.1.2.2 总体布局

（1）管理区（行政区）。主要涵盖接待室、办公室及会议室等，为便于管理与日常运营，应设置在生产区的上风位置，并确保与生产区有适当的隔离。

（2）生活区。包括员工宿舍、食堂、文化娱乐室和运动设施等，这些可以沿着办公区的平行主轴线进行布局，并应位于生产区的上风位置，以确保生活环境的舒适与健康。

（3）生产区。包括生产辅助区和养猪区两大部分。

生产辅助区涵盖原料仓库、饲料加工车间、成品仓库、修理车间、变电房、锅炉房、水泵房、水塔、淋浴消毒间、消毒池、更衣室及兽医室等。原料仓库与外界直接相连，成品仓库则与养猪区紧密相连。在条件允许的情况下，可以将生产辅助区与养猪区分隔开来，距离控制在 300 ~ 500m。

养猪区。猪场的核心区域，包括各类猪舍和生产设施，占全场总面积的 70% ~ 80%。猪舍的设计应尽可能坐北朝南（偏东 7° 为最佳），其方向与当地夏季主导风向保持 30° ~ 60° 的夹角，以优化夏季通风和冬季保暖效果。同时，猪舍的布局应根据风向自上而下排列，依次为公猪舍、母猪舍、保育猪舍和育肥猪舍，确保饲养流程的顺畅。育肥猪舍最好靠近大出猪台，便于猪只的转运。此外，猪舍之间的间距应不少于 10m，以确保猪只的健康与舒适。

（4）隔离区。设置在猪场的下风位置，与生产区保持至少 200m 的距离，主要用于引进猪的隔离观察、病猪的解剖和检查等。该区域的消毒、隔离及防疫设施必须齐全，以确保疫病的有效控制。在使用后，必须进行严格的消毒处理，并对排出的污水进行消毒，以防止疾病的传播。

（5）道路、供水、排水及绿化。对于保障高效生产和安全防疫具有重要意义。场内道路应设置净道和污道，分别用于运输饲料和粪便等，确保两者互不交叉且防滑。供水设施应建在猪场的高处，确保水源的清洁与安全。排水系统应根据地形和实际情况进行布局，尽量实现雨污分离以减少污染。绿化方面，防风林应设置在冬季主导风的上风方向，隔离林则围绕猪场四周及道路两旁种植，猪舍周围可种植高大乔木以提供遮阴效果，裸露地面则可种植花草等经济植物以美化环境。

2.2 猪的繁育

2.2.1 发情鉴定技术

熟悉公猪和母猪的生殖生理特性,并精通发情鉴定和配种技术,对于提升母猪的繁殖能力至关重要。这样不仅可以增加生猪养殖的产出,还能为市场提供更为丰富和优质的商品猪源。

2.2.1.1 初情期、性成熟

(1)初情期。当小母猪首次发情、排卵,或是小公猪首次射精时,称为初情期。此时,小母猪或小公猪的生殖器官尚未发育完全,即便能排出成熟的卵子或精子,也无法正常受孕。因此,在初情期,不应进行配种。初情期的到来与品种有关,国内品种的初情期普遍早于国外引进品种。国内品种的母猪初情期大约在 100 ~ 120 日龄,而国外品种的初情期则可能在 150 ~ 170 日龄。

(2)性成熟。性成熟的时间因性别和品种的不同而有所差异。一般来说,公猪的性成熟稍晚于母猪。地方猪种较早达到性成熟,大约在 3 ~ 4 月龄;而外种猪则较晚,大约在 6 ~ 7 月龄;杂种母猪的性成熟时间大约在 5 ~ 6 月龄。虽然此时配种母猪能够受胎,但由于其他器官仍处于生长发育阶段,因此不宜立即配种,以免对母猪的利用年限、产仔数以及仔猪的初生重产生不良影响。

2.2.1.2 母猪的发情与排卵

发情是母猪性成熟后周期性的性活动表现,发情母猪在精神状态、行为举止和生殖器官等方面都有独特的表现,即发情征兆。猪场常采用外部观察法和试情法来鉴定母猪的发情情况。观察母猪的精神状态、行为举止和生殖器官的外部表现,并结合压背或公猪试情,可以确定母猪的发情时间和预计的排卵时间,从而合理安排配种。发情前期通常持续12～36h,母猪会显得不安、兴奋,食欲减退,外阴逐渐充血肿胀。发情期约持续6～36h,母猪发情症状明显,愿意接受公猪的爬跨,外阴肿胀并流出大量黏液。发情后期约持续12～24h,母猪逐渐恢复正常,不再接受爬跨。间情期母猪则发情症状完全消失,此期约持续14d。虽然发情检查耗时耗力,但为了确保配种效率,猪场应每天对配种群进行两次发情检查。地方猪的发情表现明显且持续时间长,容易判断;而外种猪则表现不明显且时间短,需要更仔细的观察和试情。现在,规模化猪场逐渐采用母猪智能饲喂系统,实现自动准确的发情鉴定。

母猪全年均可发情,不受季节限制。断奶后的母猪会在3～10d内再次发情。发情周期平均为21d,但波动范围在16～25d。整个周期分为发情前期、发情期、发情后期和间情期。发情期间,母猪会持续3～5d表现出明显的发情症状,并在症状出现后的36～40h排卵。其间会先后排出20～30个卵子。由于卵子存活时间较短,准确判断排卵时间并合理安排配种对提高母猪受胎率至关重要。为了有效利用发情周期,需要提前准备发情鉴定工作,并根据鉴定结果合理安排配种,避免漏配或误配。母猪的发情和排卵受到品种、年龄和饲养管理等多种因素的影响。

2.2.2 配种技术

2.2.2.1 母猪的初配适龄

母猪在达到性成熟后,并不适合立即进行配种。为了确保母猪能够产出更多的猪仔并拥有更高的初生重,同时延长母猪的利用年限,需要等待其他组织器官也发育到一定程度后再进行配种。对于地方母猪,一般建议在6～8月龄、体重达到50～60kg时进行初配;而外种母猪则建议在8～10月龄、体重达到90～110kg时进行初配。对于杂种母猪,当它们达到6月龄以上,体重达到90kg,并且大约进入第三次发情时,可以考虑进行配种。

2.2.2.2 配种方式和方法

猪的配种方式主要分为单次配种、重复配种和双重配种。为了提高母猪的受胎率和产仔数,纯种繁殖场常常选择重复配种的方式。

1. 本交

(1)公母猪配对选择:小型猪场可选择健康的公猪和母猪进行自然交配或者借助人工协助交配。配对时注意公猪和母猪的体型差异,尽量避免大型公猪与小型母猪配对。

(2)配种时机选择:采用自然交配的猪场,最佳的配种时间为饲喂前后的 2h。在炎热的夏季,宜选择早晚天气较为凉爽时进行配种。

(3)配种环境安排:配种应在一个安静、平坦且清洁的场地进行,地点应远离公猪舍但靠近母猪舍。如果发情母猪难以被赶出圈外,可以尝试抬起其尾巴进行推动。若此方法无效,也可将公猪赶入母猪圈内进行配种。在此过程中,务必避免对公猪和母猪粗暴对待。

(4)配种技巧:在专门用于生产种用仔猪的猪场,通常会使用同一头公猪在间隔 8 ~ 12h 后与同一头母猪交配两次,通常选择上午和下午各配一次,或者下午配一次,第二天上午再配一次。首次配种的时间通常在首次观察到母猪静立反射后的 12 ~ 16h。而在生产商品仔猪的猪场,可以采用两头不同品种或同一品种的公猪,间隔 5 ~ 10min 后分别与同一头母猪交配一次。当然,如果配种技术掌握得当,也可以选择只交配一次。

(5)配种后管理:配种结束后,不应强行将公猪赶离,而应引导母猪向前移动,使公猪自然跟随离开。同时,尽量减少对母猪的刺激,以避免精液倒流,降低受胎率。可以通过轻轻按压母猪的腰部,使其拱起的腰部恢复正常姿势,这有助于防止精液倒流,提高受胎率。此外,禁止用水冲洗猪体,待公母猪稍作休息后,再将其赶回圈舍。

2. 猪的人工授精技术

在我国规模化猪场中,人工授精技术的应用比例已超过 65%,特别是在大型规模化猪场,比例更是高达 90% 以上。这一技术的广泛应用在养猪生产中起到了至关重要的作用。一方面,它显著减少了种公猪的饲养数量,降低了饲养成本;另一方面,它大大提高了优秀种公猪的利用率,提升了整个猪群的质量。人工授精技术主要包含以下三个关键环节。这些环节相互衔接,共同构建了这一技术的完整流程。

(1)采精:目前常用的采精方法是徒手采精法。在采精前,准备好人工授精所需的用具,为确保整个过程的安全与卫生,首先必须对采精所需的器具、物品、台猪、种公猪以及参与人员进行全面的清洁与消毒。并确保集精杯、采精纱布或专用滤纸经过彻底的清洁与消毒。采精人员需穿好工作服并仔细清洁,对双手进行消毒,之后佩戴好医用乳胶手套。随后,将经过采精训练且表现良好的公猪引导至台猪旁,用清洁的擦布轻轻擦拭公猪的腹部,并使用洗涤瓶仔细冲洗,确保包皮内的尿液被完全挤出。之后,使用 0.1% 的高锰酸钾溶液对公猪的包皮和公猪后部进行擦洗消毒。

在采精过程中,当公猪爬上台猪并逐渐伸出阴茎时,采精人员应蹲在台猪的一侧,以适当的姿势握住公猪的阴茎。随着公猪阴茎的抽动,采精人员需确保手掌的握持稳定,既要防止公猪的阴茎转动和滑脱,又要让公猪感到舒适,从而促进射精的发生。当公猪的阴茎充分勃起并向前伸展时,采精人员应顺势导出阴茎,并保持稳定的握持姿势,直至公猪完成射精。

在导出阴茎的过程中,采精人员应特别注意手势的准确性,确保握持的松紧度适中,同时避免过度用力拉扯。在公猪刚开始射精时,最初的 20mL 精液不应收集,待射出较为浓稠的乳白色精液时,采精人员应立即使用另一只手持有的采精纱布或专用滤纸覆盖的集精杯收集精液。在收集过程中,应随时丢弃纱布或滤纸上的胶状物。当公猪射精完毕后,采精人员应轻轻将阴茎送回包皮内,防止其接触地面而受损或感染,并温和地将公猪引导下台猪,避免对其粗暴对待。

(2)精液处理:采集的精液需进行一系列处理后才能对母猪进行输精。完成采精后,应立即将精液放置在 20 ~ 30℃ 的室内,同时将其置于 32 ~ 35℃ 的恒温水浴锅内。这是为了立即对精液进行品质评定、稀释和保存等处理,防止因温度骤降而对精子造成不利影响。

(3)输精(人工授精):输精前先确保所有器具、母猪以及输精人员经过彻底的清洁和消毒。同时,准备好经过检查且合格的新鲜精液。如果精液是在常温下保存的,需要将其升温至 35 ~ 38℃,升温速度控制在每分钟 19℃。输精人员应佩戴医用乳胶手套,并使用 0.1% 的高锰酸钾溶液对母猪的外阴和尾巴进行擦洗消毒。

输精时在输精管前端的螺旋形体上涂上液体石蜡,以润滑输精管的尖端。输精人员需一手分开母猪的阴门,另一只手将输精管螺旋形体的尖端紧贴阴道背部插入。向斜上方插入约 10 ~ 15cm 后转为水平方向继续插入。在插入的过程中,需要边插边逆时针方向捻转,同时边抽送边推进,直到约 30 ~ 50cm 深处,螺旋体锁住子宫颈。此时,输精管无法继续推进,且轻拉也不会移动,才可停止捻转插入。

2.2.3 妊娠诊断技术

2.2.3.1 早期妊娠检查

猪场会在母猪配种后的一个发情周期内,对其进行早期妊娠检查。当检查结果显示母猪已受孕,应将其转移到妊娠舍,以便为妊娠母猪提供更为合理和精细的饲养管理。

饲养人员需要在母猪配种后的 21d 内加强对母猪的观察,或者利用相关的仪器设备,对配种母猪进行精确的早期妊娠检查,以确保能够及时掌握母猪的受孕情况。

2.2.3.2 妊娠鉴定的方法

母猪妊娠的鉴定方法主要包括观察法和超声波测定法,而在装备了母猪自动饲喂系统的猪场,这一过程甚至可以实现自动化。

有些母猪在配种后的 20 多天可能会出现假发情的情况,这时还需要结合其他表现进行综合判断。如果母猪出现采食后不睡觉、精神不安等情况,则很可能没有配上,应及时进行补配。

超声波鉴定法是一种利用超声波妊娠诊断仪进行妊娠检查的方法。进行检查时需要在母猪后腹侧底部涂抹植物油,然后将诊断仪的探头紧贴于测量部位。如果诊断仪发出连续声响,那么母猪已经妊娠;如果发出间断声响,并且在调整探头方向和方位后仍无连续声响,那么说明母猪没有妊娠。超声波测定法因其准确性高,已成为规模化猪场早期妊娠鉴定的常用手段。

2.2.4 分娩技术

母猪的妊娠阶段在种猪繁殖中占据至关重要的地位,而分娩则是这一过程中最为关键的时刻,常常发生在半夜或凌晨。为了确保母猪的顺利分娩并提高产仔数和断奶成活率,猪场应当格外重视和加强妊娠及分娩母猪的饲养管理。

2.2.4.1 临产征兆

为了确保顺利接产,生产者应在产前大约 15d 开始密切观察母猪的临产征兆。乳房的变化是临产的一个明显标志。在产前十多天,母猪的腹部开始变得松弛,乳房从后向前逐渐增大并下垂,乳房基部在腹部隆起,形成两条明显的带状。产前 4 ~ 5 d,两侧的乳头会向外展开,呈现出"八"字形状,乳房皮肤变得潮红;同时,阴门会变得松弛、柔软并扩大,尾根两侧出现塌陷。到了产前 2 ~ 3d,前排的乳头能够挤出清亮的乳汁;如果挤出的乳汁从前往后变得浓稠,那么意味着母猪将在 6 ~ 12h 内产仔;当最后一对乳头也能挤出乳汁时,通常4h内就会产仔。不过,也有少数母猪在产仔后才开始分泌乳汁,因此我们需要结合其他临产征兆来准确判断。

外阴部的变化也是临产的重要信号。产前 3 ~ 5d,母猪的阴户开始变得松弛、充血并肿大,颜色从红色逐渐变为紫色。由于骨盆的扩张,尾根两侧会出现凹陷。在产前 2 ~ 5h,母猪会频繁地排便和排尿;而在产前 0.5 ~ 1h,母猪会卧下,出现阵缩,阴门流出淡红色的黏液(即羊水)。这时,接产人员应迅速准备好所有接产所需的物品,随时准备接产。

母猪的行为举止也会发生明显变化。在产仔当天,母猪的食欲通常会减退。在产前 6 ~ 12h,母猪可能会突然停止进食,呼吸加快,变得烦躁不安,频繁地走动,时而站立时而躺下。它们还可能会表现出衔草做窝的行为或前肢做出拾草的动作。当有人靠近时,母猪会发出"哼哼"的声音。

2.2.4.2 产前准备

母猪分娩前必须确保接产所需的器具、药品和保暖设备均已准备妥当且清洁消毒。当母猪出现临产征兆时,应准备好手术剪、止血钳、打牙钳、结扎线、干净的毛巾等接产器械以及催产素、碘酊、酒精、猪瘟疫苗、预防下痢和消炎的药物等。此外,还需准备保温箱、保温灯、铺垫麻袋等保暖设备,并确保保温箱内干燥、温暖,为新生仔猪提供良好的环境。

2.2.4.3 人工接产与助产

分娩是母猪围产期至关重要的环节。然而,由于接产和助产过程中存在的不专业性或责任心不强,现代猪种在分娩时往往面临产程延长、难产甚至死亡的风险。正常情况下,母猪能够在 2 ~ 4h 内顺利完成产仔,每隔 10 ~ 20min 产下一头仔猪,并在产仔结束后约半小时排出胎衣。

为了确保母猪分娩的顺利进行,接产人员需要以下接产、助产及产后护理技术掌握。

(1)接产人员应提前作好各项准备,全程密切监控母猪的分娩过程,并及时对新生仔猪进行细致的护理。在母猪产出仔猪后,接产人员应立即清除仔猪口鼻中的黏液,确保其呼吸正常。如果仔猪被胎衣包裹,应迅速撕破胎衣,以免仔猪因窒息而死亡。接下来,对脐带进行处理,将脐带内的血液向仔猪腹部方向挤压,在离腹部 3 ~ 4cm 处剪断或掐断脐带,并用碘酒消毒断口。若剪脐带时出血过多,可用消毒线结扎或用手指捏住直至止血。处理完脐带后,用抹布擦干仔猪身体并称重,准备用于种用的还需编号并记录,随后及时放入保温箱。

(2)在母猪分娩过程中,有时会出现产程过长或难产的情况。产程过长通常是由于母猪分娩力不足,胎儿未能进入产道,此时母猪可能表现出精神不振、体力衰竭等症状。难产则可能是由于母猪产道异常、胎儿过大或羊水减少等原因导致胎儿无法正常娩出,母猪可能表现出紧张、疼痛等症状。对于这两种情况,需要准确判断并采取相应的助产措施,以提高仔猪的成活率。

(3)在人工助产方面,如果母猪分娩时表现出烦躁、紧张,且产仔间隔超过 45min,则应采取人工助产。助产人员需对母猪后驱和阴门进行清洗和消毒,并涂抹润滑液或戴上消毒手套。轻轻地将手伸入母猪阴道,摸索胎儿的头或后腿,并缓慢地将胎儿拉出。助产完成后,需连续几天为母猪滴注或肌注消炎药,以防止产道感染。

（4）母猪护理应加强初生仔猪的护理，包括清除仔猪口鼻的黏液，擦干羊水，进行断脐处理，称重并记录，然后放入保温箱保暖。同时，还需尽快安排仔猪吃初乳、剪犬齿、断尾、打耳号及免疫等工作。对于假死仔猪，应及时采取急救措施，如清除口鼻黏液、倒提拍打胸部、托起四肢屈伸按压胸部或向鼻孔内吹气等，以恢复其呼吸。

2.2.5 种猪的选择

选择，是指在常规生产环境下所进行的一般性选择，而非育种场在培育新品种时所必须掌握的全部复杂选种技术。选择作为提升猪群整体品质和生产能力的重要环节，即便是在日常运营的生产性猪场中也应受到高度重视，不容忽视。

2.2.5.1 种用公猪的选择

在选择种公猪时，需要综合考虑其本身、亲代以及后代的条件。就种公猪本身而言，应关注以下几点。

（1）其外形和毛色须与所属品种的特征相符，同时生长发育情况应良好，断奶体重应达到或超过本品种的标准。

（2）体格应健壮且发育均衡，无畸形或缺陷。

（3）健康状况至关重要，确保在哺乳及断奶后无白痢、贫血等疾病史，以保障其后续的生长不受影响。

（4）同窝出生的仔猪头数较多，反映出其繁殖能力较强。

种公猪的双亲，要求它们本身生产性能高，体格强健，体型外貌符合品种特性。同时，其后代也应展现出快速的生长发育、良好的产仔性能以及品种特征明显的体型外貌。此外，当公猪开始配种并产仔后，还应筛选出那些产仔数量多、仔猪生长迅速且体型外貌符合品种特征的种公猪，继续留作种用，并增加其配种量。对于不符合这些标准的公猪，则应及时淘汰，以确保种群的优良遗传特性得以延续。

2.2.5.2 种母猪的选择

挑选种母猪时应尽量从那些生产性能卓越、体型外貌符合品种标准、体质强健的双亲后代中进行筛选。理想的种母猪应具备身长适中、背部平坦、四肢端正、体躯发育匀称的特点。同时,奶头数量至少应有 7 对,排列整齐,没有损伤,毛色与品种特征相符,且无病史。

无论是种公猪还是种母猪,都应优先从 2 ~ 4 胎的青壮年种猪的后代中挑选。在断奶时,所选留的头数应为计划选留数的 2 ~ 3 倍,以确保有足够的备选个体。到了 6 月龄时,再根据生长发育情况和体质外形进行二次筛选。

在配种产仔后,根据产仔数以及仔猪的生长发育情况等因素,进行最终的选定。通过这样的筛选过程,可以确保所选的种猪具备优良的遗传特性和生产性能,为后续的繁殖工作奠定坚实的基础。

2.3 猪的营养与饲料

2.3.1 猪的饲料分类

根据应用习惯,可将猪饲料分为精饲料、青绿多汁饲料、粗饲料、无机盐饲料和饲料添加剂 5 大类。

2.3.1.1 精饲料

精饲料指的是富含能量和蛋白质的饲料,依据蛋白质的含量进一步细分为能量饲料和蛋白质饲料两大类。

1. 能量饲料

能量饲料的一个显著特征是含有大量淀粉,而粗纤维含量较低,易于消化,并具备较高的消化能含量。其蛋白质含量大致维持在 10% 左右。例如,玉米、麸皮、稻谷、碎米、燕麦以及甘薯干等均属于能量饲料。

2. 蛋白质饲料

主要的动、植物性蛋白质饲料包括以下几种。

（1）豆饼（粕）。豆饼是一种优质的植物性蛋白质饲料,其粗蛋白质含量超过 40%,且品质上乘,必需氨基酸的含量均很高,特别是赖氨酸的含量在所有饼粕类饲料中位居首位,可达 2.4% ~ 2.8%,是棉花仁饼、花生饼的两倍左右。

（2）花生饼。花生饼的粗蛋白质含量也超过 40%,但赖氨酸和色氨酸的含量均低于豆饼。不过,其烟酸和泛酸的含量却特别丰富,且口感良好。

（3）鱼粉。鱼粉是一种优质的动物性蛋白质饲料,优质鱼粉的粗蛋白质含量可高达 50% ~ 70%,消化率高,且富含一般饲料所缺乏的赖氨酸、蛋氨酸和色氨酸,同时含有较多的钙、磷以及碘和 B 族维生素,特别是维生素 B_{12} 的含量较为丰富。

（4）羽毛粉。羽毛粉含有高达 80% 以上的粗蛋白质,其中胱氨酸的含量尤其高,但赖氨酸的含量不足。未经处理的羽毛粉消化率约为30%。

（5）饲料酵母。饲料酵母是真菌的一种,含有 40% ~ 50% 的粗蛋白质,且赖氨酸的含量较高。不过,由于饲料酵母带有苦味,口感较差,因此在饲料中的添加量通常不超过 5%。

2.3.1.2 青绿多汁饲料

（1）苜蓿。含有丰富的粗蛋白质,占其鲜重的 5% 左右,特别是赖氨酸和色氨酸含量较多。此外,它还含有 10% ~ 12% 的无氮浸出物以及多种无机盐,尤其是钙和钾的含量较高。同时,苜蓿还富含维生素 B_1、B_2、C、D、E、K 和胡萝卜素,口感好,深受猪的喜爱。

（2）青割玉米。一种生长迅速、产量高、利用期长的作物。在抽穗期收割时,其干物质含量约为 18%,粗蛋白质的含量约为 15%,无氮浸出物的含量约为 11%。

（3）胡萝卜。含有约 10% 的干物质,亩产可达 1000kg 以上。由于其含糖量较高,因此口感好,深受动物的喜爱。此外,胡萝卜还含有丰富的胡萝卜素以及维生素 C、K 和 B 族维生素。

（4）马铃薯。干物质含量约为 21%,其中淀粉占据了绝大部分。它还富含 B 族维生素和维生素 C。为了提高消化率,通常会将马铃薯作为熟饲料使用。

2.3.1.3 粗饲料

青草经过晒干或烘干处理后,便转化为干草。然而,这一干燥过程会导致部分营养素的流失,因此干草的营养价值相对于新鲜青草来说会有所降低。特别是豆科类干草,其干物质含量高达 85% ~ 90%,其中蛋白质占据了 15% ~ 20% 的比例,且富含赖氨酸和色氨酸,品质上乘。在干草中,淀粉和糖的含量占据了干物质的 30% ~ 50%,而粗纤维占25% ~ 38%。此外,干草还富含多种无机盐,特别是钙和磷的含量十分丰富。除了含有胡萝卜素外,豆科类干草还富含维生素 B_1、B_2 和烟酸等多种营养素。

2.3.1.4 无机盐饲料

(1)食盐。由于大多数植物中所含的钠和氯元素相对较少,因此常用食盐作为替代物。通常,食盐的添加量应占日粮的 0.3%。特别在碘缺乏的地区,人们还会选择使用碘化食盐来确保动物获得足够的碘元素。

(2)钙磷。钙磷饲料的种类非常多,不同种类的饲料中钙和磷的含量也各不相同。在饲养过程中,应根据目标动物的具体需求和饲养条件,选择适合的钙磷饲料进行投喂。

2.3.1.5 饲料添加剂

饲料添加剂是为了满足畜禽的营养需求、完善日粮的全面性以及应对特定需求而添加到饲料中的微量物质。这些添加剂主要分为营养性添加剂和非营养性添加剂两大类。

1. 营养性添加剂

(1)微量元素。如铁、锌、硒、锰、碘等矿物质,常以氧化锰、碳酸锰等形式添加到猪日粮中。

(2)维生素。这些通常是人工合成的,包括维生素 E、K、B_1、B_2、B_6、B_{12}、氯化胆碱、尼古酸、泛酸钙、叶酸和生物素等。为了方便使用,往往采用复合维生素或多维素的形式添加。

（3）氨基酸。添加合成氨基酸不仅可以补充日粮中不足的必需氨基酸，提高蛋白质的利用效率。还有实验表明，添加赖氨酸可以促进生长和泌乳，并减少2%～4%的粗蛋白质含量。

2. 非营养性添加剂

（1）生长促进剂抗生素。通过大量实验和生产实践，证明抗生素具有促进生长和提高饲料利用率的作用，效果平均可达促进生长2%～8%，提高饲料利用率2%～4%，特别是在环境不佳的情况下，效果更为显著。市面上常见的抗生素包括杆菌肽锌、硫酸粘杆菌素、土霉素钙盐和北里霉素等。

（2）有机酸类。有机酸能增加消化道的酸度，提升胃蛋白酶的活性，从而加速蛋白质的分解。对于初生仔猪，在人工乳或饲料中添加有机酸（如柠檬酸、延胡索酸、甲酸钙等）有助于改善其发育状况。

（3）酶制剂。酶制剂有助于辅助和促进饲料的消化与吸收，对早期断奶的仔猪尤为重要。由于仔猪自身的酶系统发育尚不完全，因此在人工乳或饲料中添加酶制剂（如蛋白酶、淀粉酶、脂肪酶、纤维酶等）能提高营养物质的利用率。

（4）微生态生物菌制剂。也称为益生素，是近年来开始应用于饲料中的添加剂。国内生产的有乳康生、促菌生和调痢生等，它们是由乳酸杆菌等无毒的菌类制成的活菌制剂，作用是调整猪消化道内的菌群，使有益菌迅速占据优势，抑制致病菌的生长。

2.3.2 饲养标准

饲养标准实际上是针对不同类型和生理状态的猪，所制定的一份每日养分需求清单或日粮养分含量参考，这个标准融合了丰富的生产实践经验和科研成果。具体来说，猪的饲养标准涵盖了消化能、粗蛋白质、钙、磷、食盐、各种氨基酸、微量元素和维生素等30余种基本指标，这些指标以焦耳、千克、克、毫克等为单位进行精确量化，旨在为猪的饲养提供科学的指导和参考。

2.3.3 猪的日粮配合

日粮配合是一个科学的过程,它基于猪的营养需求和饲料的具体养分含量来制定合适的配方。在进行日粮配合时,应选用合适的饲养标准作为设定日粮养分供给水平的基础,保证日粮能够满足猪只生长或生产的需要;选择原料时应综合考虑日粮的养分含量、消化性、口感以及成本等多个因素;日粮的体积也要与猪的采食能力相匹配,以确保猪能够充分摄取所需的营养。

全价饲料是根据特定的饲料配方,采用多种饲料原料混合配制而成的日粮。这种饲料中的能量和各种养分含量均符合猪的营养需求,因此能够取得良好的饲养效果。

浓缩料的特点在于其高含量的蛋白质、无机盐和维生素。与能量饲料混合后,即可形成全价饲料。

预混料则是一种由微量元素、维生素、微量添加剂和非营养物质添加剂组成的产品。它以石粉或小麦粉为载体,按照规定比例进行预混合。预混料与能量饲料、蛋白质饲料和其他饲料混合后,可以制作出全价饲料。

2.4　猪的饲养管理

随着现代养猪业的不断发展,商品化生产趋势日益明显。为了保持竞争力并获取可观的经济效益,提供质量上乘且价格合理的产品至关重要。在工厂化的养猪场中,种猪被视作生产和哺育仔猪的核心设备,饲料是生产原料,而活猪则是最终产品。因此,无论是专门的种猪场还是自繁自养的商品猪场,其经济效益直接受到种猪饲养管理水平的影响。

2.4.1 种公猪的饲养管理

公猪的生产目标是提供高质量的精液,因此,选择优质的种公猪是确保获得大量健康、生长迅速的仔猪的基础。种公猪承担着繁重的配种任务。在自然交配的情况下,一头种公猪每年可以完成 20 ~ 30 头母猪的配种,从而产生大约 400 ~ 600 头后代。而如果采用人工授精的方式,它的配种能力将大幅提升,可以承担 200 ~ 300 头母猪的配种任务,进而产生高达 4000 ~ 6000 头的后代。因此,种公猪对母猪的受孕率、产仔数量、仔猪的生长速度、饲料利用效率以及整体体质都有着积极的影响。在选择种公猪时,除了考虑其家族背景和自身的体质外,其后代的表现也是一个重要的评判标准。只有那些表现优异、遗传稳定的种公猪,才会被选为正式的配种对象。

为了保持公猪的健康和配种能力,应根据其体重、年龄以及配种任务的繁忙程度,提供不同的管理和营养策略,确保它们始终保持良好的营养状态,性欲旺盛,精力充沛。

2.4.2 种母猪的饲养管理

猪群的繁殖力是衡量养猪生产效益的关键指标,直接关系到经济效益的获取。而母猪群的年生产力,其核心表现就在于每年能够提供的断奶仔猪数量。因此,深入了解和掌握母猪的繁殖过程,针对性地发掘其生产潜力,是提高养猪生产效益的重要途径。

2.4.2.1 空怀期母猪的饲养管理

母猪从仔猪断奶到再次发情配种的这段时间,通常称为空怀期。在正常的发情期内,母猪能够排出大约 20 个卵子,但实际的产仔数量通常只有 10 个左右,即代表有将近 50% 的卵子在发育过程中未能成功受精或发育成小猪仔而中途夭折。因此,配种准备期的饲养管理工作应将重点放在如何充分发挥母猪潜在的繁殖能力方面,进而实现多胎、高产的目标。

配种前的母猪若蛋白质摄入不足,会导致卵子发育不良,进而减少排卵数量。此外,若蛋白质的质量不佳,还会降低受胎率,甚至引发不孕问题。因此,在母猪的饲粮中,蛋白质的含量应保持在 12% 左右,而在配种期间,还需适当提高这一比例。

公猪和母猪的交配时机是极为关键的,因为它直接关系到受精的成功率、产仔的数量以及仔猪的体质。为了确保精子和卵子在生命力最强的时刻相遇并成功受精,必须准确把握配种的时机。

在提高公猪精液质量的同时,促进母猪的正常发情也是至关重要的。此外,要想确保母猪成功受孕并实现高产,还必须深入了解并掌握其发情规律和最适宜的配种时机。

母猪发情时,其外部表现会有明显的变化。阴门会变得潮红和肿胀,食欲也会减退,行动上显得不安。随着阴门的肿胀,阴道内会逐渐流出透明且稍带白色的黏液。在这一阶段,母猪通常会躲避公猪的接近。到了发情中期,母猪的食欲会显著下降,甚至完全不吃,行为上也会变得更为不安,可能会跳圈、鸣叫、频繁排尿,并表现出对其他母猪的爬跨行为。此时,母猪会允许公猪接近和爬跨,并且在受到腰部或臀部按压时,会保持站立不动。

2.4.2.2 妊娠期母猪的饲养管理

妊娠母猪的主要任务是确保胎儿在母体内健康发育,预防流产和死胎的发生,并产出数量充足、体质强健、大小均匀以及初生体重较大的仔猪。同时,还需维持母猪良好的体况,为其后续的哺乳期积累必要的营养。为了实现这些目标,我们必须根据妊娠母猪不同阶段的生理特征和胎儿的发育规律,制订并执行科学的饲养管理计划。

考虑到妊娠母猪的营养需求和体重变化的特点,常将母猪的妊娠期分为前期和后期两个阶段(即 0 ~ 80d 和 81 ~ 114d),或者更为细致地分为前期、中期和后期三个阶段(即 0 ~ 40d、41 ~ 80d 和 81 ~ 114d)。每个阶段在饲养管理上的需求都是不同的,需要采取相应的措施来确保母猪和胎儿的健康。

1. 胎儿的生长发育及营养需要

母猪在妊娠期间,胎儿的发育具有明确的阶段性特点。在妊娠初期,由于胚胎尚小,其绝对增长速度相对较慢,所需营养物质并不多,但值得注意的是,此时的胚胎死亡率较高。为了降低胚胎中途死亡的风险,必须格外关注饲料的质量,提供营养丰富且均衡的全价饲料,这是确保胎儿健康发育的首个关键时期。

进入妊娠末期(即 90 ~ 114d),胎儿的发育速度明显加快,绝对增重也显著上升。为了确保胎儿的健康和体重增长,需要提供充足的营养支持。

2. 妊娠期间母猪变化与营养需要

为了确保母猪获得足够的营养,应适当搭配青粗饲料。充足的蛋白质供应能增加产仔数,提高初生重,减少死胎和弱胎。一般来说,日粮中的粗蛋白含量应达到 13% 左右。矿物质对母猪健康和胎儿发育至关重要。日粮中钙应占 0.75%,磷应占 0.60%,并适量添加食盐,占日粮的0.30% ~ 0.40%。

维生素也是母猪健康和胎儿发育不可或缺的营养。缺乏维生素 A会导致不孕、流产等问题,缺乏维生素 E 会影响胎儿生长,缺乏维生素D 可能导致死胎和母猪产后瘫痪,缺乏 B 族维生素也会影响胎儿发育和母猪繁殖性能。因此,提供富含多种维生素的青绿多汁饲料至关重要,尤其在封闭式饲养或冬季、早春时期,需通过饲料添加剂来确保维生素的充足供应。每头母猪每日的饲料摄入量应控制在 1.8 ~ 2.7kg。特别是在妊娠 3 ~ 4 周时,每日的采食量应不超过 2.3kg,以避免因喂料过多导致的胚胎损失。在群养情况下,为了满足母猪的营养需求,饲料的投喂量应比单独饲养时增加 15%。

2.4.2.3 哺乳期母猪的饲养管理

在母猪产后的 40d 内,其泌乳量占据了整个哺乳期的绝大部分。因此,在这关键的 40d 里,饲养管理尤为重要。营养作为影响泌乳力的核心因素,哺乳期必须提供充足的营养,特别是要增加精料的供给,以满足母猪对能量的需求。猪乳中的矿物质含量虽然不高,但对母猪的健康、泌乳及仔猪的生长至关重要。特别是钙和磷,若供应不足,会导致母猪泌乳量下降,甚至引发骨质疏松症。因此,饲粮中应添加适量的骨粉、贝粉等矿物质补充剂,其比例应占饲粮的 2% 或稍多。同时,维生素对母猪和仔猪的健康也至关重要。

强化母猪怀孕末期的饲养管理是提升泌乳量的先决条件。当仔猪出生20d后开始补充饲料时,母乳在营养供给上的作用也逐渐减弱。

体况消瘦的经产母猪,采取前精后粗的饲养策略,在哺乳期的前一个月,特别关注精料的供给,确保母猪获得足够的营养,以促进其恢复体况并增加泌乳量;在泌乳期配种的经产母猪和初次产仔的青年母猪,实施一贯加强式的饲养方式;在整个哺乳期间,维持均衡且较高的营养水平,以满足胎儿的正常发育需求,确保母猪能够哺育好吃奶的仔猪,并满足自身生长发育的营养需要。

让母猪进行适当的运动并多晒太阳,有助于增强体质和提高泌乳能力,同时也对仔猪的生长发育有益。在有条件的地方,可以考虑采取放牧的方式。

为促进母猪消化和改善乳质,可以每天喂给适量的小苏打,并增加青绿多汁饲料的投喂。对于粪便干硬或有便秘倾向的母猪,应增加饮水量,并适量喂给人工盐。一旦发现母猪发病,要及时进行诊断和治疗。

2.4.3 后备猪的饲养管理

为了培养出具有良好种用体质的后备猪,需要确保它们具备明显的性征、无遗传疾病,并发育良好。通常,在6~12月龄(品种不同要求不同)时,它们的体重应达到成年猪的50%~60%,此时可以进行配种。但需要注意的是,后备猪不应过肥,以免出现繁殖障碍。因此,在配制后备猪日粮时,应特别注意能量和蛋白质的比例以及矿物质、维生素和必需氨基酸的补充。一般来说,可采用前期营养水平较高、后期逐渐降低的饲养策略。同时,为了保证营养的均衡和酸碱平衡,配合饲料的原料应多样化,至少包含五种的不同原料。此外,为了避免饲料变化对猪只造成不良影响,原料种类应尽量保持稳定,如需更换,应逐步进行。

在饲喂方法上,通常采用定时定量的限制饲养法。当幼猪体重达到50kg以后,随着其消化机能的不断完善和消化吸收能力的增强,它们的食欲会变得旺盛,食量也会增加。如果不限制食量,任其自由采食,很容易导致猪只过度肥胖,并可能引发一系列不良习惯,如挑食和浪费饲料。

2.4.4 哺乳仔猪的饲养管理

（1）确保初乳充足。母猪分娩后的前3d分泌的初乳对新生仔猪至关重要。初乳富含营养物质、免疫抗体和镁盐，是初生仔猪获取免疫力的唯一来源。因此，务必确保仔猪在出生后尽快吸吮到初乳，以充分吸收免疫球蛋白。同时，初乳还有助于刺激仔猪的消化器官，促进胎粪排出，增强其抵抗力。

（2）做好保温与防压措施。母猪与仔猪对环境温度的需求存在差异。新生仔猪的适宜环境温度为30～34℃。当环境温度低于这一范围时，仔猪可能会感到寒冷，需要依靠消耗体内储备来维持体温，这不利于其体温平衡的建立，甚至可能引发低温症。因此，需要采用保育箱、红外线灯或电热板等方式为仔猪提供温暖的环境，同时要注意防止母猪压伤仔猪。

（3）及时补铁。新生仔猪体内的铁储量有限，且随着其快速生长，对铁的需求逐渐增加。缺铁可能导致仔猪抵抗力减弱、生长受阻，甚至出现营养性贫血等症状。因此，在仔猪出生后第3～4d，需要通过肌肉注射铁制剂等方式为其补充铁元素。

（4）固定乳头喂养。仔猪具有固定乳头吸乳的习性。为确保同窝仔猪生长均匀，应在出生后2d内人工协助固定乳头，使每只仔猪都能吃到足够的初乳。对于弱小或强壮争夺乳头的仔猪，需要进行适当调整。

（5）剪除犬齿与断尾。在窝产仔数较多或需要肥育的情况下，可以在仔猪出生1d后剪除犬齿，以防止其相互咬伤。同时，为了预防肥育期间的咬尾现象，可以尽早进行断尾处理。断尾时需注意消毒，防止感染。

（6）合理寄养。当母猪产仔过多或无力哺育全部仔猪时，需要将这些仔猪寄养给其他母猪。寄养时最好选择分娩时间相近、乳汁充足的母猪，以确保寄养仔猪能够获得足够的营养和照顾。

（7）提早开食与补料。仅靠母乳无法满足哺乳仔猪的营养需求，需要提早开食并补喂饲料。可以在仔猪出生5～7d后开始投放特制的诱食料，采用自由采食方式，逐步引导其学会吃料。诱食料应适合仔猪的口味和消化能力，以促进其健康生长。

（8）确保饮水充足。哺乳仔猪生长迅速，代谢旺盛，需要充足的饮水来满足其生长发育的需求。因此,在仔猪开食的同时,应在其补料栏内安装自动饮水器或设置适宜的水槽,确保其随时能够饮用到清洁的饮水。

2.4.5 断奶仔猪的饲养管理

2.4.5.1 断奶的时机与方法

1. 断奶时机

传统养猪业通常在 8 周龄时进行断奶,但随着现代养猪技术的发展,断奶时间已提前至 21 ~ 35 日龄。虽然早期断奶有助于提高母猪的年产仔数和仔猪头数,但这也意味着仔猪在不成熟的阶段断奶,其免疫系统发育尚未完善,对营养和环境的要求更加苛刻。因此,早期断奶的仔猪需要更为专业的饲料和培育设施,同时也需要高水平的管理和经验丰富的饲养人员。

2. 断奶方法

（1）一次性断奶。当仔猪达到预定的断奶日龄时,将母猪移出,而仔猪则留在原圈继续饲养。在断奶前的 3d,应逐渐减少母猪的精料和青料摄入量,以减少乳汁分泌,帮助母猪和仔猪更好地适应断奶过程。

（2）分批断奶。在母猪断奶前的几天,先挑选出一部分体型较大的仔猪进行断奶,留下体型较小的仔猪再过几天断奶。这样可以确保体型较小的仔猪获得更多的母乳,从而增加其断奶时的体重。

（3）逐渐断奶。从断奶前的 4 ~ 6d,逐渐减少仔猪的哺乳次数,第一天让仔猪哺乳 4 ~ 5 次,之后逐渐减少,直至达到断奶日龄再将母猪隔离。这种方法有助于母猪和仔猪逐渐适应断奶过程。

2.4.5.2 断奶后仔猪的饲养与管理

断奶后的仔猪应继续饲喂哺乳期饲料,不能突然更换饲料。对于 35 日龄以上断奶的仔猪,可以在断奶前 7d 逐渐更换饲料。在断奶后的

2～3d内,应适当控制饲喂量,同时确保饮水充足且清洁,圈舍保持干燥卫生。

利用网床培育断奶仔猪,粪尿和污水能够随时通过漏缝网格漏到网下,减少仔猪与污染物的接触机会,从而保持床面的清洁卫生和干燥。网床设计使仔猪离开地面,能减少冬季地面传导散热的损失,有助于维持饲养温度。

断奶后仔猪腹泻是一个常见且危害较大的问题,引发这个问题的原因有很多,包括饲料成分不合理、饲喂技术不当等。因此,在饲养过程中应注意饲料的质量和配比,避免使用不易消化或含有有害物质的饲料。同时,饲喂技术也应得到重视,如适时开食、避免过度采食、保持饲槽和水槽的清洁卫生等。通过采取这些措施,有效减少断奶后仔猪腹泻的发生,提高仔猪的健康水平和生长性能。

2.4.6 肉猪的饲养管理

2.4.6.1 饲料的调制

饲料的加工与调制对于饲料的口感以及动物对其的消化吸收效率具有显著影响。适当的调制,不仅可以提升饲料的适口性,使其更易被动物接受,还能有效提高饲料的转化率,进而提高动物的生长速度和健康水平。同时,合理的调制方法还可以减少或消除饲料中的有毒、有害物质,确保动物的食用安全。例如,谷实类及干草等粗饲料经过粉碎处理后,能显著增加其与消化液的接触面积,从而提高饲料的消化率,降低动物在咀嚼和消化过程中的能量消耗。

一般来说,配合饲料建议直接生喂,如玉米、高粱、大麦、小麦等谷实饲料及其加工副产物,生喂的营养价值更为丰富。但在某些农村地区,人们习惯将饲料煮熟后再喂猪,因为这样可以使青、粗饲料体积缩小,软化粗纤维,提高饲料的适口性和利用率,对豆科籽实等饲料的效果尤其明显,同时对于棉粕和菜籽粕等还能起到去毒和消毒的作用。值得注意的是,饲料经过煮熟处理后,其营养价值会降低约10%,维生素也会受到破坏;青绿饲料焖煮后,如果存放或饲喂不当,还可能引发猪亚硝酸盐中毒的风险。此外,熟饲还会增加燃料和设备的消耗。因此,从提高劳动效率和降低成本的角度考虑,养猪生产更提倡生饲。

青绿饲料能够作为混合精料的一部分替代品,并且能为动物提供必要的维生素营养。在饲喂过程中,青绿饲料通常需要在切碎、打浆或者与精料混合切碎后使用。

精饲料通常通过粉碎和混合配制成为配(混)合饲料,以满足猪只的营养需求。配(混)合饲料可以采用多种饲喂形态,包括湿拌料、干粉料、颗粒料以及水稀料等。这些不同的饲喂形态对生长育肥猪的增重和饲料转化率具有不同的影响效果。因为稠料中的干物质和有机物的消化率更高,所以在调制水稀料时,应避免过稀,一般推荐一份干饲料加一倍半的水。干粉料是将饲料粉碎后按一定比例混合而成的干粉状饲料。这种饲料形式特别适用于自由采食和自动饮水的饲养方式。相比水稀料,饲喂干粉料的猪在日增重和饲料利用率方面表现更佳,同时也有助于提高劳动生产率和圈舍利用率。

2.4.6.2 饲喂方法

肉猪的饲喂方式主要分为自由采食和限量饲喂两种。若肉猪采用自由采食方式,尽管其日增重会相对较高,但可能导致胴体脂肪积累过多,背膘较厚,进而降低饲料的利用效率。在养猪生产过程中,若目标是追求高日增重,则自由采食会是一个合适的选择;目标是提高胴体的瘦肉率,则限量饲喂则更为合适,但需要注意的是,这可能会延长肥育期;若既希望实现较高的日增重,又希望胴体瘦肉率高,那么可以考虑采用"前促后控"的饲养方法,即体重在 50 ~ 60kg 前采用自由采食,之后则转为限量饲喂。需要注意的是,在限量饲喂的过程中,给料的比例也很重要。通常建议早晨给料占 35%,中午占 25%,傍晚占 40%,这样的比例有助于猪只更好地消化和吸收营养,促进健康生长。

根据我国的瘦肉型肉猪饲养试验资料,从体重 25kg 增重至 90kg 左右,大约需要 110 ~ 114d 的时间。在此期间,每头猪大约需要消耗 240 ~ 290kg 的混合精料,平均每天每头猪需要喂食混合精料 2.15 ~ 2.50kg。

2.5　猪场的经营管理

近年来,许多大型猪场积极采纳发达国家的先进养猪技术和管理经验,在品种选择、饲料配方、防疫措施、环境调控、饲养管理以及经营管理等多个方面进行了不同程度的改进。这些举措显著提升了养猪的生产效率和经济效益。为了实现无公害养猪场的高产、高效和优质目标,不仅要不断提高养猪生产的科学技术含量,还需提高科学经营管理的水平。只有两者并重,方能确保猪场的可持续发展和长期盈利。

2.5.1 养猪的经营形式

2.5.1.1 专业户式养猪

在我国,个体经营在养猪业中占据了超过 90% 的比例,养猪专业户成为行业的重要组成部分。这种养猪专业户的投资相对较小,回报周期短,往往都是从简单的设施开始,先让猪只开始生长,争取当年实现盈利。随后,通过自身的资本积累以及国家和集体的支持,逐步扩大规模,发展成为具有一定规模的养猪场。

养猪专业户注重自我学习,不断提升养猪技能和管理水平。他们积极掌握养猪技术,通过实践中的摸索和经验总结,不断提高科技含量。

养猪专业户通常会自行配制饲料。他们利用自制或购买的混合料、浓缩料或预混料,同时搭配青绿多汁饲料、糟渣饲料等,降低饲料成本。

在管理方面,养猪专业户表现出细致入微的特点。他们对猪只的管理耐心细致,观察周到,对病猪的防疫和诊疗能够及时到位。

养猪专业户的经济效益相对较高。由于他们的仔猪成活率高,肉猪生长速度快,饲料成本低,且无需计算人工工资、折旧费和管理费用,因此经济效益显著。

2.5.1.2 规模化养猪

规模化养猪指的是通过一定规模的种猪群,特别是繁殖母猪所生产的仔猪,将其全部饲养为肉猪,形成一体化的养猪经营模式。这种模式被视为一种较为理想的经营方式。

选择优质的繁殖母猪时,不能仅依据母猪个体的表现进行选择,而应该从那些具有双亲性能记录的种猪登记中精心挑选。最好是选择那些来自登记猪或杂交血统清晰、繁殖力高的母猪。例如,在长白与大白杂交一代的猪中,即使一胎产仔 10 头,也只能选择其中的 1 ~ 2 头作为母猪,绝不能随意留用,更不能从肉猪群中挑选母猪。

2.5.1.3 专业繁殖场

专业繁殖场应着重关注以下几个方面:提高仔猪的成活率和断奶窝重,这对专业繁殖场的效益具有显著影响。每多育成一头仔猪,就意味着效益的增加,采用仔猪早期断奶技术是提高母猪繁殖率的有效途径。早期断奶不仅可以降低母猪的淘汰率,延长其使用年限,还能提高母猪的繁殖率,为繁殖场带来可观的经济收入。繁殖母猪的饲养应标准化,即按照饲养标准规定的营养水平进行饲养。这包括母猪自身的直接饲料消耗以及仔猪的补料和后备猪、种公猪的间接饲料消耗。在饲料加工和喂料过程中,减少饲料浪费、降低饲料成本也是关键,因为饲料费用占据了总成本的 70% 左右。降低饲料成本,无疑将直接提升经济效益。

2.5.1.4 肉猪的专门经营

在肉猪的专业饲养中,必须全面考虑其技术效果与经济效益。这种专门经营方式的特点在于猪群结构单一,饲养技术相对简单,资金周转迅速,虽然劳动量较大,但却能带来较好的经济效益。

肉猪饲养的技术效果主要体现在增加产品产量、提升产品质量以及优化料肉比等关键指标上。随着饲养头数的增加,技术条件、劳动力投入、流动资金和固定资产需求都会相应变化。

2.5.1.5 猪场产品

目前,我国猪产品的主要形式可以概括为以下几种。

（1）活猪。

（2）分割肉。分割肉是指将胴体按不同部位切割、修整后得到的肉品。通过冷藏加工和包装,这种肉品不仅便于长途运输,供应国内外市场,还常常作为肉制品深加工的原材料。

（3）小包装肉。小包装肉是一个新兴的产品类别,它打破了传统现切现卖的销售模式,产品种类繁多,具有巨大的开发潜力。

至于我国猪产品的营销渠道,主要包括直接销售渠道（即生产者直接销售给消费者）和间接销售渠道（通过中间商进行销售）。这两种渠道共同构成了我国猪产品的主要销售网络。

2.5.2 无公害猪场经营管理

一个猪场能否在低成本投入的基础上实现高产、高效和优质的目标,不仅依赖于先进的养猪技术,更离不开高效的经营管理。

2.5.2.1 猪群管理

猪群作为核心的生产要素,其管理质量直接决定了生产效益的高低,因此猪群管理是猪场管理中不可或缺的一环。按照生产需求,猪群应被细分为多个群组,包括母猪群（进一步细分为空怀母猪、妊娠母猪、分娩母猪和哺乳母猪等）、种公猪群、育成猪群以及肉猪群。每个猪场都应当基于科学原则,合理确定猪群的结构,这是确保猪群有计划地快速繁衍、提升整体生产水平的关键举措。

基于各类猪群的不同特性,必须实施精准饲养管理,确保不同年龄、体重、性别和用途的猪只得到恰当的分类与照顾。

（1）哺乳仔猪,指的是从初生到断奶阶段的幼小猪只。

（2）育成猪,主要指的是断奶后至大约4个月龄的幼猪。

（3）后备猪,包括生后5个月龄至初配前的种用公母猪。其中,公猪被称为后备公猪,而母猪则被称为后备母猪。

（4）检定公猪,指从第一次配种至所配母猪生产、仔猪断奶阶段的公猪,其年龄一般在1.0 ~ 1.5岁。

（5）检定母猪,指的是从初配妊娠开始至第一胎仔猪断奶的母猪（一般1.2 ~ 1.4岁）。需要根据它们的生产性能来判断是否留作种用。

（6）成年种公猪,也被称为基础公猪,指的是那些生长发育良好、体质外形优良、配种成绩及后裔生产性能等鉴定合格的1.5岁以上的种用公猪。

（7）成年种母猪,又称作基础母猪,是指经过一胎产仔鉴定成绩合格,留作种猪用的1.5岁以上的母猪。从成年母猪群中选择具有优秀生产性能和育种价值的母猪,组成核心群,以供选育和生产上更新种猪使用。核心群种猪的年龄一般宜在2 ~ 5岁。

（8）肉猪群,也被称为生长育肥猪,是专门用于生产猪肉的猪只。

一个合理的猪群结构需要确保各猪群之间既有出色的生产性能,又能保持一种既传承又发展的经济合理的比例关系。猪群的增长速度取决于扩大再生产的规模和速度以及繁殖猪群所占的比例。因此,公猪、母猪和后备猪群在整体繁殖猪群中的占比是以基础母猪群为基础的。基础母猪群的大小又与猪场的性质、规模以及年度内母猪的分娩胎次和每胎的繁殖存活仔猪数紧密相关。

猪群的生产记录是猪场运营中不可或缺的关键环节。为了有效地管理猪场,必须精心制定和妥善保存各项生产记录,并对其进行及时的调整与分析。

2.5.2.2 猪场计划管理

为了制订合理且适用的计划,猪场场长需要深入了解相关指标的计算方法以及当前的生产水平,这样才能确保计划的科学性和可行性。通过综合考虑各种因素,制订出切实可行的计划,有助于提高猪场的经济效益并稳定发展。

繁殖指标包括配种率、空怀率、受胎率、分娩率、成活率等。

$$配种率=\frac{参加配种的母猪数}{母猪总数}\times100\%$$

$$空怀率=\frac{繁殖母猪数-受胎猪数}{繁殖母猪数}\times100\%$$

$$受胎率=\frac{受胎母猪数+流产头数}{配种母猪数量}\times100\%$$

$$受胎指数=\frac{配种情期数}{妊娠母猪数}$$

$$情期受胎率=\frac{一个发情期配种受胎数}{同一个情期配种母猪总数}\times100\%$$

$$分娩率=\frac{产仔窝数}{配种受胎数}\times100\%$$

$$产活仔率=\frac{产活仔猪数}{总产仔数}\times100\%$$

$$成活率=\frac{断乳时成活仔猪数}{出生时活仔猪数}\times100\%$$

$$哺育率（育成率）=\frac{育成仔猪数}{产活仔猪数-寄出仔猪数+寄入仔猪数}\times100\%$$

$$成年母猪年产仔窝数=\frac{产仔总窝数}{成年母猪头数（按饲养日计）}$$

$$繁殖力=\frac{出生仔猪数}{年初适龄母猪数量}$$

$$繁育率=\frac{断乳仔猪数}{繁殖母猪数}\times100\%$$

$$成年母猪死亡率=\frac{成年母猪死亡数}{年初适龄母猪数}\times100\%$$

生长发育指标包括生长率、绝对与相对增重、日增重、肉猪率和出栏率等。

$$生长率（累积生长率）=\frac{末重（体尺）-初重（体尺）}{末重（体尺）}\times100\%$$

$$绝对增重=\frac{第二次测定的重量-第一次测定的重量}{第二次测定的日龄-第一次测定的日龄}$$

$$相对增重=\frac{末重-初重}{初重}\times100\%$$

$$日增重=\frac{末重-初重}{饲养日数}(克/日)$$

$$肉猪率=\frac{实际育成肉猪数}{可育成（进栏）猪数}\times100\%$$

$$出栏率=\frac{期内出售商品肉猪数}{期初存栏猪数}\times100\%（其中包括已宰猪头数）$$

$$杂种优势率=\frac{杂交后代平均值-双亲平均值}{双亲平均值}\times100\%$$

$$60日龄当量窝重=W\left[(1-0.025)(T-60)+0.005(T-60)^2\right]$$

$$150日龄当量窝重（适用于100-200日龄）=\frac{200(W+230)}{T+50}-230$$

在评价和鉴定母猪的过程中,测定时间的差异,经常会给鉴定工作带来不小的挑战。为了更准确地评估母猪的生产性能,可采用当量窝重进行校正,并在校正后的基础上进行比较。

产肉与肉质指标如下:

$$存栏猪平均产肉量=\frac{全年总产肉量}{年初存栏猪数}$$

$$屠宰率=\frac{胴体重}{宰前活重}\times100\%$$

$$瘦肉率=\frac{瘦肉量}{胴体重-板油和内脏-作业损耗}\times100\%$$

饲料利用效率指标包括饲料报酬、全群饲料报酬、每天应喂饲料量(人们常说的料肉比)。

$$饲料报酬（饲料利用率）=\frac{饲料消耗量}{猪体增重}$$

$$全群饲料报酬=\frac{全场总消耗饲料量}{全场各类猪群总增重}$$

$$每日应喂饲料量=\frac{每日能量需要量}{饲料浓度}(kg)$$

在估算各项指标时,必须始终坚持实事求是的原则,否则,有计划的生产将难以实现,流水式工艺也难以顺利推进。实事求是是制订计划和推进工艺的基础,只有基于真实、准确的数据和信息,才能制订切实可行的生产计划,确保流水式工艺的顺利进行。因此,必须始终坚持实事求是的原则,确保各项指标估算的准确性和可靠性。

2.5.2.3 成本管理

1. 成本核算

在养猪生产过程中,各项消耗费用各有其性质。其中,直接涉及产品生产的费用被称为直接生产费。这些费用包括饲养人员的工资和福利支出、饲料成本、以及猪舍的折旧费用等。这些都是与生产直接相关的成本,直接影响到产品的生产成本。

成本项目与费用的相关信息如下:

(1)人工费主要涵盖那些直接参与养猪生产的饲养人员的薪资和福利支出。

(2)饲料费是指为饲养各类猪群所直接消耗的各类饲料费用,包括精饲料、粗饲料、动物性饲料、矿物质饲料以及多种维生素、微量元素和药物添加剂等。

(3)燃料和动力费是指猪场运营过程中消耗的燃料和动力所产生的费用。

(4)医药费主要是猪群直接消耗的药品和疫苗费用,用于保障猪只的健康。

(5)固定资产折旧费是指猪场中的固定资产在使用过程中,因磨损或技术进步而逐年减少的价值。

(6)固定资产维修费是指用于猪场固定资产的维修和保养的费用,用来确保设备的正常运转。

(7)低值易耗品费指的是当年需要报销的低值工具和劳保用品的价值,这些物品在使用过程中会逐渐消耗。

(8)其他直接费是指那些无法直接归类到上述各项费用中的直接费用,如接待费和推销费等。

在养猪生产过程中,常见的成本计算项目包括猪群的饲养日成本、增重成本、活重成本以及主产品成本等。这些成本计算有助于我们更准确地了解养猪生产的经济效益,从而制订更为合理的生产计划和管理策略。其计算公式如下：

$$猪群饲养日成本 = \frac{每日猪群饲养费用}{猪群饲养头数}$$

$$断乳仔猪活重单位成本 = \frac{断乳仔猪饲养费用}{断乳仔猪总活重}$$

$$商品瘦肉猪单位增重成本 = \frac{肉猪群饲养费用 - 副产品价值}{肉猪群总增重}$$

猪群幼猪和肉猪活重单位成本 =

$$\frac{本期初活重总成本 + 本期增重总成本 + 购入转入总成本 - 死猪残值}{期末存栏活重 + 期内离群猪活重（不包括死猪重）}$$

$$主产品单位成本 = \frac{各群猪的饲养费 - 副产品价值}{各群猪产品总产量}$$

在养猪生产中，断奶仔猪和肉猪被视为主产品，而粪肥、自产饲料以及自配的混合配料等通常被视为副产品。这些副产品虽然不直接作为销售对象，但在整个生产过程中起到了重要的辅助作用，对于提高经济效益和环保效益都具有重要意义。

2. 降低养猪成本与提高经济效益

猪场的经济效益取决于多个关键因素，包括生产水平、生产成本、产品质量、管理水平以及销售价格等。每一个环节都至关重要，对猪场的整体运营和盈利能力产生深远影响。在市场经济的竞争环境中，为了保持竞争优势并立于不败之地，猪场需要不断提升生产水平，努力降低生产成本，加强管理，提高产品质量，并灵活调整销售策略。只有这样，猪场才能有效提高经济效益，实现可持续发展。

2.5.3 种猪淘汰计划

种猪是猪群繁殖的基石，也是整个养猪业的核心所在。然而，种猪的使用年限是有限的，且不同个体之间的生产性能差异显著。在自然交配的情况下，公猪的使用年限通常不超过 2 年，而母猪则不应超过 8 胎。若采用人工采精的方式，公猪的使用年限可延长至 3 ～ 4 年，但母猪的胎次限制仍然为 8 胎。

以拥有 100 头基础母猪的猪场为例,为了确保种猪群体的合理配比,自然交配时公猪与母猪的比例应控制在 1:25 以内。因此,100 头基础母猪所需的公猪数量为 4 头。考虑到公猪的使用年限,每年需要更新 2 头公猪。而对于母猪来说,假设其有效生命周期内能繁殖 8 胎,且每头母猪每年平均产 2.3 胎,那么母猪的平均使用年限约为 3.5 年。由此计算,母猪的年淘汰率约为 30%。因此,拥有 100 头基础母猪的猪场每年应淘汰并更新 30 头母猪。若按月计算,每月应淘汰与更新的母猪数量约为 2.5 头。对于大型猪场,还需进一步计算每周的淘汰与更新头数。

2.5.4 猪场管理

2.5.4.1 物资管理

为确保物资的规范化管理,首要任务是设立进销存账,并指定专职人员负责此项工作。所有物资进出仓库必须凭单操作,严格把关。对于生产所必需的物品,如药物、饲料和生产工具等,每月都应制订详细的计划并上报。各生产区(组)则应根据实际需求进行领取,务必避免任何形式的浪费,以确保资源的合理利用。

2.5.4.2 报表管理

报表作为反映猪场生产管理状况的重要工具,不仅是检查工作的重要渠道,更是统计分析、指导生产的关键依据。猪场常用的报表种类繁多,涵盖了从种猪配种到肉猪上市等各个环节,如种猪配种周报表、产仔周报表、妊娠周报表、保育猪舍周报表、种猪死亡淘汰周报表、肉猪变动及上市周报表、猪群盘点月报表等。此外,还有关于饲料、药物、生产工具等物资进销存的报表。

认真填写报表是一项严谨且重要的工作,需要予以高度关注。各生产组长应当详细记录各种生产情况,准确、真实地填写周报表,并及时提交上一级主管部门进行核实。特别是配种、分娩、断奶、转栏及上市等重要环节的报表,应当一式两份,以确保信息的准确性和完整性。通过这样的报表管理,我们可以更好地掌握猪场的生产状况,为决策和优化管理提供有力支持。

2.5.4.3 后备猪引入计划

关于后备猪的选留比例,有两种计算方式。

(1)按照基础母猪和种公猪的 50% 进行安排。考虑到基础母猪和种公猪的淘汰率通常在 25% ~ 30%,因此选留后备猪的比例也可以按照每年应淘汰和补充的基础母猪数的 1 ~ 2 倍来确定。

(2)在基础母猪群中,应确保品质优良的青壮年(年龄在 1.5 ~ 4 岁)的公猪和母猪占据 80% ~ 85% 的比例,这样做可以确保猪群的整体生产性能和遗传质量得到保障。通过合理控制后备猪的选留比例,以确保猪场的持续健康发展。

2.6 猪场粪污及废弃物处理

2.6.1 猪场带来的污染问题

猪场在生产过程中会产生多种污染物,主要包括固体废物(如粪便和病死生猪的尸体)、水污染物(即养殖场的废水)以及大气污染物(如恶臭气体)。在这些污染物中,养殖废水和粪便是最主要的污染源,它们不仅体积庞大,而且来源多种多样。

(1)固体粪便的污染问题。猪场在生产过程中会产生大量固体粪便,其产生量受到养殖场性质和管理模式等多种因素的影响。因此,确定固体粪便的处理规模时,必须依据实际产生量进行考量。猪粪便中含有大量的钠盐和钾盐,如果未经处理直接用于农田,过量的钠和钾通过反聚作用会减少土壤的微孔,降低土壤的通透性,从而破坏土壤结构,对植物的生长造成危害。

(2)水体污染问题。猪粪尿及清洗污水中含有较高的化学耗氧量和生物耗氧量,这些物质会对周围水体造成有机物质污染。猪场污水富含营养物质,如果直接排入自然水体或渗透进地下水层,会导致水体富营养化,使水质进一步恶化,破坏水体中的生态平衡。此外,猪饲料中可能含有铅、砷等有毒物质,如果这些物质处理不完全,就会在生物系统中产生"生物富集"效应,通过食物链直接影响到人类的健康。

(3)土壤污染问题。土地的消纳能力具有一定的限度,当过多的污染物进入土壤时,土壤中的微生物可能无法完全分解这些污染物,导致土壤的自净作用失效。长期积累下来,这些污染物会对土壤造成污染,严重时甚至可能导致耕地废弃。因此,对猪场产生的污染物进行合理处理和处置,是保护土壤环境、维持农业可持续发展的重要措施。

2.6.2 猪场废弃物的种类及处理要求

随着养猪业的迅速壮大,规模化猪场在生产过程中除了会产生粪便和污水外,还会伴随其他废弃物的产生,对这些废弃物必须采取适当的处理措施。

2.6.2.1 猪场废弃物的种类

猪场在运营过程中,除了产生粪便和污水外,还会产生其他多种废弃物,这些主要包括猪的尸体、废弃的垫料、使用过的药品及其包装、疫苗瓶、毛发以及生活垃圾等。所有这些废弃物都需要经过妥善处理。

2.6.2.2 猪场废弃物处理要求

1.病死猪尸体

(1)焚烧处理。对病死猪实施焚烧处理,是一种广泛采用的无害化处置方法。这种方法以煤或油作为燃料,在高温焚烧炉中将病死猪彻底焚烧成灰烬,从而有效避免其对地下水和土壤造成污染。在选择焚烧炉时,需特别关注其燃烧效率,并优先选用配备二次燃烧装置的焚烧炉,以确保臭气得到彻底清除。

(2)深坑掩埋。病死猪不能直接进行土壤掩埋,以防止土壤和地下水受到污染。进行深埋处理时,应建造专用的深坑,其结构可采用水泥板或砖块砌成。在掩埋过程中,应确保病死猪尸体上层距离地表1.5m以上,并在掩埋完成后对掩埋土进行夯实。

（3）毁尸坑处理。采用生物热坑法,将其置于毁尸坑中进行自然发酵。在毁尸坑中,病死猪尸体经过15～20d的发酵过程发生变形,并在4～5个月后完全分解。在这一过程中,毁尸坑内的温度可高达65℃,这种长期的高温环境能够有效地消灭病菌和病毒。为确保处理效果,毁尸坑应设在养猪场的下风区,且远离水源至少1km,选择相对干燥的地方进行建设。

2. 粉尘、烟尘

（1）饲料加工车间配备的除尘系统选用离心除尘器。离心除尘器的工作原理在于利用离心力,使高速流动的气流中的粉料与含尘空气有效分离,进而实现除尘效果。该装置结构简单,分离效率极高。为了确保除尘效果最佳,吸尘装置的吸口应精准对准灰尘产生最为密集的区域,但为避免过多物料被误吸,吸口位置应避免设置在拌料或粉料作业区。

（2）锅炉房配置布袋除尘装置。通过该装置的处理,烟尘排放量能够减少高达90%。为确保烟气排放达到标准,烟气排放筒的建设高度至少为25m,同时其口径应超过0.3m。

（3）食堂的油烟处理则选用抽油烟机。使用抽油烟机后,油烟排放量能减少90%以上。为了有效排放油烟,食堂的烟气排放筒建设高度不应低于15m,并且其口径应大于0.2m。

3. 固体废弃物

（1）废渣处理。猪场产生的少量燃煤灰渣,主要用于农村道路的铺设工作,这是一种有效的资源再利用方式。

（2）毛发与生活垃圾处置。猪场产生的少量毛发和生活垃圾,均应按照当地政府环卫部门的相关规定,运送到指定的地点进行妥善处理,以确保环境卫生和公共健康。

（3）废弃垫料利用。废弃垫料中,能够直接作为肥料的将被用于农田施肥,以提高土壤肥力。对于不能直接用作肥料的垫料,应先进行适当的处理,如焚烧后再作为农家肥还田,以实现其资源化利用。

（4）药品及饲料包装处理。猪场产生的药品及饲料包装,一般会集中收集并送到废品回收站进行直接出售。部分饲料包装袋在经过清洗和消毒后,还可以进行二次回收利用,以减少资源浪费。

（5）疫苗瓶处置。疫苗瓶作为特殊废弃物,猪场会严格按照当地防疫部门的要求,将其集中收集并运送到指定地点进行专业处置,以确保环境安全和公共卫生。

2.7 健康猪群的培育

2.7.1 环境控制标准

目前,生长育肥猪多采取舍饲方式,其饲养环境为高密度,舍内温度、湿度、气流、气体、噪声及尘埃等因素,均会对猪的增重速度、饲料利用率以及经济效益产生直接影响。因此,创造适宜的环境条件,对于提高养猪生产的经济效益至关重要。

（1）调控温度与湿度。鉴于猪的汗腺退化、被毛稀少,其自身体温调节能力较弱,对寒冷和炎热的抵抗能力均较低。因此,猪舍需具备良好的隔热保温性能,并通过科学的通风系统,将舍内温度和湿度维持在适宜范围,以利于猪的生长。若环境温度过低,猪需消耗更多能量来维持体温,导致其日增重减少,采食量增加,饲料转化率降低。反之,若温度过高,猪为散热而加快呼吸频率,影响其新陈代谢,降低食欲,导致生产力下降。无论温度过低或过高,都可能引发猪的应激反应,造成不良后果。

生长育肥猪的适宜环境温度一般为 16 ~ 23℃。不同体重的猪所需的适宜温度有所不同,研究表明,体重在 11 ~ 45kg 的猪,其适宜温度为 21℃；而体重在 45 ~ 100kg 和 135kg 以上的猪,其适宜温度分别为 18℃和 16℃。在此温度范围内,猪的增重速度最快,饲料转化率最高。

此外,生长育肥猪的适宜湿度应控制在 50% ~ 70%。在适宜温度下,湿度对猪的增重和饲料利用率的影响相对较小。然而,在低温高湿的环境下,生长育肥猪的日增重可能减少 36%,每千克增重的饲料消耗量也可能增加 10%。

（2）确保通风换气。猪舍的通风换气与风速、通风量密切相关。通风换气的效果对猪的日增重和饲料转化率具有一定影响。在现代高密度饲养条件下，猪舍一年四季都需要进行通风换气，特别是在冬季，必须妥善解决通风换气与保温之间的矛盾，以避免舍内空气质量恶化，导致猪增重下降，饲料消耗增加。

（3）控制气流速度。猪舍内的气流速度应保持在 0.1 ~ 0.2m/s，最快不宜超过 0.25m/s。在高温环境下，适当增加气流速度有助于猪的散热，缓解热应激的影响。而在寒冷季节，应降低气流速度，特别注意防止"贼风"的出现。调节猪舍的通风换气量，可以有效控制气流速度，而通风换气量的调节可以通过自然通风或辅以机械通风来实现。

（4）保持卫生环境。在肉猪管理中，应重视猪舍、猪栏、饲槽及用具的清洁卫生和消毒工作。建议每日至少清扫两次，每周对猪舍进行全面消毒两次，以确保猪只生活在干净、卫生的环境中。

2.7.2 合理分群与饲养密度

2.7.2.1 合理组织分群

在生长育肥猪的生产中，群饲是一种常用的饲养方式。它不仅可以充分利用猪舍的空间和设备，提高生产效率，降低生产成本，还可以通过猪之间的争食行为，刺激食欲，促进生长。因此，合理地分群至关重要。

在舍饲条件下，较小的组群能显著提升猪的生产性能，这主要是因为减少了猪之间的争斗、咬尾、咬耳等不良行为。断奶后的猪可以按原窝饲养，即"一窝肥"的方式，这是因为它们在哺乳期已经形成了固定的群居秩序，有利于后续的育肥过程。当需要调整群组时，应优先考虑将来源、体重、体质、性别、性格和采食习性相近的猪合群饲养。在合群时，应坚持拆多不拆少、拆强不拆弱以及尽量在夜间进行合群的原则。

新合群的猪需要特别关注和管理，如在其身上喷洒少量来苏儿药液或酒精，使它们的气味一致，以减少或避免咬斗的发生。分群后应保持相对稳定，除非因为疾病、体重差异过大或体质过弱等特殊情况需要进行调整，否则不应随意调群。

2.7.2.2 控制饲养密度

饲养密度通常以每头猪所占的面积来表示。过高的饲养密度会对生长育肥猪的生产性能产生负面影响。密度越大,猪呼出的水汽和排泄的粪尿就越多,导致舍内湿度上升;同时,舍内的有害气体和微生物数量也会增加,恶化空气环境;此外,猪之间的争斗也会增多,影响它们的休息,进而影响健康、增重和饲料转化率。

对于 15 ~ 60kg 的生长育肥猪,每头猪所需的面积一般为 0.6 ~ 1.0m^2;而对于 60kg 以上的育肥猪,每头猪则需 1.0 ~ 1.2m^2。在固定圈内饲养时,每栏的头数通常建议控制在 10 ~ 20 头。

此外,饲养密度的调整还应考虑地域和气候因素。在我国北方,由于气温低、气候干燥,可以适当增加饲养密度;而在南方夏季,由于气温高、湿度大,则应适当降低饲养密度。

2.7.2.3 去势、防疫与驱虫

(1)去势:在我国农村地区,通常会在仔猪 35 日龄、体重达到 5 ~ 7kg 时进行去势。然而,近年来,一些集约化猪场提倡在仔猪 7 日龄左右进行去势,因为这样更容易操作、对猪的应激较小、手术时流血少且术后恢复快。对于瘦肉型猪种及其杂种猪,由于其性成熟较晚,幼母猪通常不需要去势即可育肥。

(2)防疫:为了防止生长肥育猪感染常见的传染病,必须制定科学的免疫程序,并严格开展预防接种工作。每头猪都应接种疫苗,避免遗漏。对于从外地引进的猪,应进行隔离观察,并及时进行免疫接种。

(3)驱虫:生长肥育猪容易感染蛔虫、姜片虫等内寄生虫和疥螨、虱等外寄生虫。为了确保猪的健康,通常在 90 日龄时进行第一次驱虫,并根据需要,在 135 日龄左右进行第二次驱虫。

2.8 猪常见疾病的防治

2.8.1 猪的疾病防治概述

2.8.1.1 猪的疾病现状及流行特征

疫病是养猪业发展面临的重要难题,对生产效率和经济效益产生负面影响。它不仅损害了养猪业的经济利益,还削弱了农户投资养猪的积极性。更为严重的是,动物疫病,特别是那些能够传染给人类的疾病,对人类健康构成了严重威胁。

随着我国养猪业的快速发展,种猪、商品猪、饲料、兽药等商品的流通日益频繁,养猪技术人员的流动性也增强,这导致猪群疫病的传播速度加快,缩短了疫病在不同地域的传播时间,使得疫病的地域性特征逐渐减弱。例如,原本在夏秋季节多发的附红细胞体、弓形体病,在冬季也时有发生;而冬春季常见的口蹄疫,在夏季也能见到。

近年来,猪病混合感染的情况日益增多,这大大增加了诊断和治疗的难度,也提高了治疗成本,但治愈率却不尽如人意。混合感染主要表现为二重感染、三重感染甚至四重感染,如猪瘟与伪狂犬病的并发、猪喘气病与猪瘟的同时感染等。在某些极端病例中,甚至出现了五至九重感染的情况。然而,受限于条件、投入能力和诊断处理技术水平等因素,处置中常出现一边治疗一边发病的现象。这不仅导致治疗时间长、用药品种多、治疗费用高,还容易出现用药组合不当的问题,进而降低药效、引发药物中毒、影响治疗效果,最终造成更大的损失。

2.8.1.2 猪群疫病频发的原因

(1)管理措施存在漏洞。首先,缺乏对新引进种猪的隔离观察机制,使得潜在的疾病风险无法被及时发现和隔离。其次,消毒工作执行不严格,可能导致病毒或细菌在猪场内部传播。再次,病猪的隔离治疗制度不完善,增加了疾病扩散的可能性。最后,没有限制饲养人员的流动,人为因素可能成为疫病传播的渠道。

(2)防控体系不健全。防控措施的执行力度不够是危害最大且最常见的问题。防疫制度混乱,缺乏科学合理的免疫程序,甚至存在人为丢弃兽药和疫苗或注射剂量不足的情况,这些都可能导致疫病防控失败。

(3)环境条件不佳。部分地区的猪群密度过高,相邻的养猪场(户)距离过近,都增加了疫病传播的风险。此外,猪舍设计不合理,建筑不规范,超负荷装猪,也是多重感染的重要因素。一旦有传染病发生,很容易迅速蔓延至整个猪群。

(4)药品使用混乱。在饲料和饮水中投入防控兽药时,种类繁多、剂量过大、重复添加等问题普遍存在,这可能导致猪只的抗药性和抗病力下降。此外,市场上假兽药、假疫苗以及对猪体有害的违禁药物屡禁不止,疫苗保存不当,技术人员素质参差不齐,都是导致猪病防控失败的主要原因。

2.8.1.3 猪病的诊断与治疗操作方法

1. 流行病学调查

流行病学调查是通过对现场的观察、材料的查阅、与饲养人员和兽医的交流等方式,全面了解猪群发病的整体状况。在收集第一手资料的基础上,需要查明以下几个方面的问题。

(1)发病概况。包括首次发病的时间、疾病的扩散情况、发病及死亡的猪只数量、发病前的饲料组成、饲养管理条件、气候变化情况、猪的免疫状况以及周边地区的疫情等。

(2)病因分析。对于群发性疾病,需从中毒性疾病、传染性疾病和寄生虫病这三个方面进行鉴别。

2. 临床检查

在临床观察和诊查过程中,需要进行全面而细致的检查。

（1）测量体温，猪的正常体温一般在 38.5 ~ 40℃，多数为 39.5℃。

（2）观察可视黏膜和皮肤状况，如眼结膜是否出现潮红、苍白、黄染、紫绀或出血，皮肤是否有紫绀、出血斑或出血点。

（3）注意呼吸状况，如呼吸频率是否加快、呼吸困难或喘息，是否有腹式呼吸或犬坐姿势。

（4）观察猪的饮食、饮水和排粪情况。

（5）检查猪的体态和姿势，如走路是否不稳或卧地不起，是否有神经症状等。

3. 剖检诊断

剖检诊断主要是通过剖检病死或濒死的猪只，观察各器官的病理变化，从而确定疾病的诊断。

4. 实验室检验

实验室检验包括血液、粪便、尿液的化验，抗原、抗体的血清学检查以及细菌的分离培养、病毒的分离鉴定等。

5. 基本治疗方法

（1）口服给药法。这是治疗猪病常用的给药方式，即将药物喂服或从口灌入。根据药物的性质、气味、形态及剂量不同，可采用混饲、饮水或胃管投服等方式给药。

（2）注射给药法。注射给药法是猪病治疗的常用方法，包括皮下注射、肌肉注射、静脉注射和腹腔注射等。

（3）灌肠给药法。灌肠是通过橡皮导管将药物（液）经肛门灌入大肠内的给药方法，适用于便秘类病症和母猪子宫炎症的治疗。

2.8.2 猪常见病毒性传染病

2.8.2.1 猪瘟

猪瘟是一种由猪瘟病毒导致的急性、高度接触性传染病，它给养猪业带来了巨大威胁。这种疾病不受特定季节的限制，其主要传播途径包括消化道、眼结膜和呼吸道。怀孕母猪一旦感染,病毒可通过胎盘直接传递给胎儿,导致胎儿体弱、死亡或成为木乃伊胎。

【主要症状】

在急性猪瘟的情况下,猪体会出现败血症病变群的特征。全身淋巴结会显著肿胀,颜色从深红到紫红不等,周边出血严重,切面则呈现出大理石般的纹理。

【防治措施】

（1）加强饲养管理至关重要,坚持自繁自养的原则,或从无疫区选购种猪。

（2）接种疫苗是预防猪瘟的核心手段,也是最为有效的方式。母猪和公猪每年应接受两次猪瘟单联苗的接种,而仔猪则应在 21 日龄和 60 ~ 65 日龄分别进行两次免疫。

（3）对于前期症状尚不明显的猪只,可采用抗菌消炎、退热、抗病毒等药物进行治疗。对于症状已经较为明显的猪只,使用大剂量猪瘟疫苗配合转移因子进行治疗,也能取得一定的疗效。

2.8.2.2 猪伪狂犬病

猪伪狂犬病是一种由伪狂犬病病毒引起的急性传染病。这种病毒即猪伪狂犬病病毒（PPV）,属于疱疹病毒科,并具备囊膜结构。它对外部环境具有强大的抵抗力,但幸运的是,多种脂溶性消毒剂可以有效杀灭它。此病全年都有发生的可能性,尤以冬春季节和母猪产仔高峰期更为常见。病猪、携带病毒的猪以及携带病毒的鼠类是本病的主要传染源,病毒通过直接接触、空气传播以及交配等方式扩散。[1]

【防治措施】

（1）应从没有疫情的地区引进种猪,从而建立起健康的猪群。同时,必须按照规定的时间间隔进行疫苗接种,以提高猪群的免疫力。

（2）由于目前尚无特效药物能够完全治愈猪伪狂犬病,因此在紧急情况下,可以采用伪狂犬活疫苗配合大连三宜产转移因子和头孢菌素进行肌内注射治疗。尽管这种方法不能完全治愈疾病,但可以在一定程度

---

[1] 傅传臣,周金龙,张立.畜牧养殖学[M].北京:中国农业科学技术出版社, 2011: 77.

上缓解病情,减少损失。

2.8.2.3 猪细小病毒病

猪细小病毒病,一种导致猪繁殖障碍的疾病,主要由猪细小病毒引发。初产母猪常常受到严重影响,可能出现木乃伊胎、畸形胎、死胎以及病弱仔猪,偶尔还会导致流产,而母猪本身通常不会表现出明显的症状。这种疾病在初产母猪中较为常见,且往往以地方流行或散发流行的形式出现。

【主要症状】

被感染的公猪和母猪是该病的主要传染源,病毒可以通过胎盘感染、精液传播(交配感染)等方式扩散。不论年龄、性别和品种,猪都有可能感染此病毒。在易感猪群中,初次感染往往会导致急性暴发,出现大量流产和产死胎的情况。

【防治措施】

(1)强化饲养管理和消毒工作,坚持自繁自养的原则。如果需要引进种猪,应确保从未发生过该病的猪场引进,并对其进行半个月的隔离饲养,之后进行疫苗接种。

(2)后备母猪在配种前一个月应注射细小病毒疫苗,并在间隔两周后再次接种,以增强免疫效果。

(3)为了让后备母猪自然产生对细小病毒的免疫力,可以在配种前一个月喂给它们经产母猪的粪便。但配种后必须确保母猪不再感染此病。

(4)目前尚无特效药物能够治愈猪细小病毒病。通过应用对症疗法,可以减少仔猪的死亡率,促进康复,并同时预防和治疗母猪的子宫内膜炎。例如,可以使用头孢噻呋和鱼腥草进行肌内注射,连续使用 3 ~ 5d,以缓解病情。

2.8.2.4 猪繁殖与呼吸综合征

猪繁殖与呼吸综合征,通常被大家称作蓝耳病,这是一种由猪繁殖与呼吸综合征病毒引发的急性、高度接触性传染病。此病不受猪的年龄、品种和性别的限制,但母猪和仔猪更易受感染。

【主要症状】

其主要表现为妊娠母猪出现流产、产下死胎或木乃伊胎,而仔猪则可能出现呼吸和神经系统的症状。

【防治措施】

(1)强化饲养管理,采取全进全出的生产方式,严格隔离病猪与健康猪,确保猪场和猪舍的卫生环境优良。同时,定期使用蓝耳疫苗进行预防接种,提高猪群的免疫力。

(2)尽管目前尚未发现针对此病的特效治疗方法,但可以给仔猪注射抗生素,并辅以支持疗法,以防止继发感染。或者使用能够增强机体免疫力的中药制剂、电解多维等,有助于猪体尽快恢复健康,减少经济损失,降低病死率。

2.8.2.5 口蹄疫

口蹄疫是一种由口蹄疫病毒导致的急性、热性且高度接触性的传染病。它主要影响偶蹄类动物,并且人类也有感染的风险。因此,在我国,口蹄疫被列为必须严格控制的一类动物传染病。

【主要症状】

其主要症状表现在动物的蹄冠、蹄踵、蹄叉以及吻突皮肤。特别是当仔猪感染时,水疱的症状可能并不明显,但会出现胃肠炎和心肌炎的严重症状,致死率极高,可能超过80%。此外,妊娠母猪如果感染,还可能发生流产。

【防治措施】

(1)对于这种疾病,应当实行强制性的免疫政策。一旦发现疫情,必须立即上报给相关部门,并迅速采取隔离、封锁和消毒等措施,以遏制病毒的传播。

(2)对于已经感染的病猪以及与其接触的同群猪,应进行扑杀或紧急宰杀,并对尸体进行无害化处理,以防止病毒的进一步扩散。同时,对于可能受到威胁的地区,需要对易感猪群进行紧急的预防接种,以提高其免疫力,降低感染风险。

2.8.2.6 猪流感

猪流感,即猪流行性感冒,是由 A 型流感病毒导致的一种急性、热性、高度接触性的呼吸道传染病,不仅影响猪只,还可能感染人类和其他多种动物。这种疾病的发病过程极为迅猛,传播速度极快,感染范围广泛,几乎可以影响到所有年龄、品质和性别的猪。

【主要症状】

猪流感主要通过呼吸道传播,且呈现出明显的季节性特征,通常在春季、秋季和寒冷的冬季,特别是温差较大的时期更为常见。尽管该病的发病率极高,可能在短短 2～3d 内使全部猪只感染,但其死亡率相对较低。只要治疗及时,几乎不会有猪只因猪流感而死亡,多数情况下,死亡病例是由于继发感染了其他病原菌所致。

【防治措施】

(1)对于已经发病的猪只,可以采取对症治疗的方式。例如,使用30% 安乃近、氨基比林、萘普生等药物进行解热镇痛;使用板蓝根、黄芪多糖等抗病毒药物;使用抗生素、青霉素、链霉素等药物来防止继发感染,从而降低死亡率。

(2)在日常饲养管理中,应加强猪舍的清洁卫生工作,以增强猪只的抗病能力。特别是在冬季,要做好保暖防寒和防应激的工作,以预防猪流感的发生。

2.8.2.7 猪圆环病毒病

猪圆环病毒病,也称作断奶仔猪多系统衰竭综合征,是由猪圆环病毒 2 型引发的一种新兴传染病。

【主要症状】

此疾病在临床表现上呈现多样化特征,主要表现为猪的体质明显下滑、身体消瘦、贫血症状、黄疸现象、生长发育受阻、腹泻不止、呼吸困难、母猪繁殖功能受损以及内脏器官和皮肤出现高度肿大、出血和坏死等。更为严重的是,猪圆环病毒病还会导致猪群产生强烈的免疫抑制,从而增加继发或并发其他传染病的风险。[①]

【防治措施】

（1）强化饲养管理，尽量减少仔猪在哺乳阶段的免疫次数，降低各种应激因素的影响，并定期对猪舍进行消毒。

（2）加强免疫预防工作，特别要注意控制继发感染和混合感染的风险。

（3）猪圆环病毒病目前没有特效药物治疗。治疗过程中应采取对症治疗的方式，以减轻病情，降低仔猪的死亡率，并促进康复。

2.8.2.8 猪传染性胃肠炎

猪传染性胃肠炎，由特定的病毒引起，是一种急性、高接触性的传染病。对于出生仅 10d 内的小猪，其发病率和死亡率极高，有时甚至能达到 100%。然而，对于已经断奶的猪、育肥猪以及成年猪，虽然也会感染，但病情通常较为温和。

【主要症状】

该病症的主要表现为呕吐、腹泻严重、脱水以及两周内的小猪死亡率高。近年来，这一疾病在全球范围内都有所流行，而在我国，特别是冬季和早春的寒冷时节，疫情更为严重，经常以地方性的形式暴发，对养猪业造成了巨大的损失。

【防治措施】

（1）要加强防疫工作，防止疾病传入，并严格执行消毒措施。同时，定期进行猪传染性胃肠炎弱毒冻干苗的免疫接种，以提高猪只的免疫力。

（2）注意做好冬季的保温工作，确保为小猪提供一个温暖、干燥、无漏风的生长环境，以减少疾病的发生。

（3）一旦发现疫情，应立即为病猪补充葡萄糖生理盐水，以防止脱水，减轻病情。

---

① 崔尚金,魏凤祥. 断乳仔猪饲养管理与疾病控制专题 20 讲 [M]. 北京: 中国农业出版社,2006: 89.

2.8.3 猪细菌性传染病

2.8.3.1 猪肺疫

猪肺疫,也常被称为猪巴氏杆菌病,是一种由多杀性巴氏杆菌诱发的急性、热性以及出血性败血症。它是一种能影响多种动物的传染病。

【主要症状】

其主要表现症状为在最急性时发生败血症病变,导致咽喉部位出现急性肿胀,呼吸困难到几乎窒息的程度,因而得名"锁喉风"。急性型则表现为纤维素性胸膜肺炎,而慢性型则主要体现为慢性肺炎或慢性胃肠炎。

【防治措施】

(1)实施封闭式生产,坚持自繁自养的原则,严格避免引入可能携带隐性感染的猪只。

(2)建立严格的防疫管理制度,定期对猪群进行健康监测和防疫,一旦发现感染猪只,应及时淘汰处理。同时,对猪舍和周围环境进行定期消毒,以消除病菌的滋生环境。

(3)加强饲养管理,提高猪只的体质和抗病力,消除一切可能降低猪只抵抗力的不良因素。

(4)对于已经发病的猪只,可以使用抗菌药物进行治疗,具有一定的疗效。特别是磺胺类药物,在治疗急性型猪肺疫方面效果显著。

2.8.3.2 猪痢疾

猪痢疾,也常被人们称为"血痢",是一种由猪痢疾蛇形螺旋体导致的严重肠道传染病,在猪中尤为常见。

【主要症状】

在急性病例中,出血性下痢是主要的症状;而在亚急性和慢性病例中,黏液性腹泻则更为突出。这种疾病主要影响断奶后的育成猪,但只要得到及时的治疗,死亡率通常较低。从病理特征来看,猪痢疾会导致大肠黏膜发生卡他性出血和坏死性炎症。猪痢疾具有很高的易感性,病猪和带菌猪是主要的传染源,同时,粪便、饲料、饮水、饲养用具及运输工具等也可能成为潜在的传染源。[①]

【防治措施】

(1)坚持自繁自养,加强饲养管理,确保圈舍保持清洁干燥,并通过药物预防来净化猪群。

(2)治疗方面可以采用卡那霉素、维生素 K 和维生素 C 进行肌内注射,同时配合口服(或灌服)痢菌净和链霉素,以达到更好的治疗效果。

2.8.3.3 猪丹毒

猪丹毒,一种由猪丹毒杆菌导致的急性、热性传染病,其症状包括高热、急性败血症、亚急性皮肤疹块、慢性疣状心内膜炎以及皮肤坏死与多发性非化脓性关节炎。

【主要症状】

其特征为局部创伤感染,尤其是蹄趾皮肤出现疹块、刺痛、剧痒,但不会出现化脓现象。这种疾病一年四季都有可能发生,特别是夏季多雨季节的流行尤为严重。猪丹毒在仔猪中较为常见,而母猪及哺乳仔猪的发病率则相对较低。

【防治措施】

(1)定期为猪只进行预防接种,常用的疫苗包括猪丹毒弱毒疫苗、猪丹毒氢氧化铝甲醛菌苗以及猪瘟 + 猪丹毒 + 猪肺疫三联冻干苗。

(2)一旦发现疫情,应立即将病猪隔离并进行治疗,同时全群用药,以及时控制疫情的扩散。

(3)早期治疗的效果往往更佳,目前以青霉素的治疗效果最为显著。在治疗过程中,可以配合解热药、强心药以及地塞米松等药物。治疗应持续至猪的体温、食欲恢复正常,以防止病情复发或转为慢性。

2.8.3.4 猪传染性萎缩性鼻炎

猪传染性萎缩性鼻炎,是一种由支气管败血波氏杆菌引发的慢性呼

---

① 傅传臣,周金龙,张立.畜牧养殖学 [M].北京:中国农业科学技术出版社,2011:103.

吸道传染病,专门影响猪只。任何年龄段的猪都有可能感染这种疾病,但仔猪由于其免疫系统尚未完全发育,因此更容易受到感染。由于该病的病程较长,通常会在猪只年龄较大时出现明显的临床症状。这种疾病主要通过呼吸道进行传播,并常常呈散发性。

【主要症状】

其主要症状包括鼻炎、鼻梁的变形以及鼻甲骨的萎缩。在临床上,我们经常观察到猪只打喷嚏、鼻塞,甚至脸部出现变形或歪斜等症状。这种病菌的抵抗力并不强,因此使用常规的消毒药物可以有效地对抗它。

【防治措施】

(1)培育健康的猪群是彻底消除这种疾病的关键。需要加强检疫工作,确保不从疫区引进猪只。在疾病流行严重的地区,为初生仔猪注射弱毒疫苗,可以显著降低其发病率。

(2)这种病菌对链霉素、土霉素、多西环素、卡那霉素等药物较为敏感。通过肌内注射这些药物,每天 1 ~ 2 次,持续使用 3 ~ 5d,可以有效地控制病情。同时,使用卡那霉素、地塞米松、氯苯那敏液混合液进行滴鼻,每天两次,不仅可以提高治疗效果,还能加速猪只的康复。

2.8.3.5 猪气喘病

猪气喘病,亦称猪支原体肺炎或地方流行性肺炎,这是一种由猪肺炎支原体导致的接触性慢性呼吸道传染病。

【主要症状】

其临床特征主要表现为咳嗽、气喘和呼吸困难,主要病变集中在肺部。

【防治措施】

(1)猪场应坚守自繁自养的原则,从根本上杜绝病源的进入。在引进新的猪只时,必须严格进行隔离检查,确保它们没有携带疾病,才能与原有的猪群合并。

(2)强化饲养管理是关键。应实施全进全出的生产管理模式,对猪群进行细致的防寒保暖工作,同时确保猪舍的通风透气,营造一个干净、舒适、卫生的饲养环境。定期对猪群进行全面的消毒,也是防止疾病传播的有效手段。

(3)疫苗接种是预防猪气喘病的重要手段。一旦发现病猪,应立即进行隔离治疗,并逐步淘汰,以建立无特定病原的猪群。

（4）药物治疗方面可以采取多种方法：

①将泰妙菌素或泰乐菌素混入饲料中,每吨饲料混入 50g,全群拌料预防,连续喂养 5 ~ 10d。

②使用氟苯尼考进行肌内注射,每千克体重使用 20mg,每天两次,连续使用 3 ~ 5d。

③采用氧氟沙星进行肌内注射,每千克体重使用 0.2 ~ 0.5mg,每天 1 ~ 2 次,持续 3 ~ 5d。

④采取联合用药的方法。以 50kg 的猪为例,可以使用卡那霉素注射液 4g,地塞米松 20mg,氯苯那敏注射液 50mg,维生素 C 注射液 5g,进行一次肌内注射,每天两次,连续使用 3 ~ 5d。这种方法治愈率极高。但需要注意的是,在注射过程中,应避免对猪进行强行保定和快速驱赶,以防止猪只因应激而虚脱死亡。

2.8.3.6 猪水肿病

猪水肿病,这是一种由致病性大肠杆菌引发的肠毒血症,主要侵袭断奶后的仔猪。其中,体重在 10 ~ 30kg 的肥壮仔猪是疾病的高发群体。

【主要症状】

疾病症状表现为发病突然,头部水肿,出现共济失调、惊厥和麻痹等症状。在同窝猪中,通常是最肥壮的个体首先发病并可能死亡。尽管该病的发病率不算高,但其病死率却相当高。

【防治措施】

（1）加强饲养管理至关重要。需要提前补料,以帮助健全胃肠消化功能,并注意提供均衡的营养。

（2）预防接种是预防猪水肿病的重要手段。在猪只出生 14 日龄时,应注射猪水肿疫苗。

（3）断奶后的仔猪应避免喂食过饱。应采取少量多餐的饲喂方式,每次只喂到七成饱,避免一次性喂食过多或长期采食量超出正常需求,以减少疾病的发生。

（4）治疗方面,可以使用庆大霉素、地塞米松、维生素 C 和 50% 葡萄糖注射液进行静脉推注,其疗效可达 90% 以上。当同窝猪中发现有 1 ~ 2 头病猪时,其他健康猪只应使用磺胺药物拌料饲喂进行预防,这样也能取得较为满意的预防效果。

2.8.3.7 仔猪白痢

仔猪白痢,也称为迟发性大肠杆菌病,是一种常见于 10 ~ 30 日龄仔猪的肠道传染病。

【主要症状】

其主要症状为排出带有恶臭的乳白色或灰白色糊状粪便。虽然该病的发病率较高,但病死率相对较低。

【防治措施】

(1)加强饲养管理是关键。确保仔猪不受寒冷影响,并及时补充铁、硒和维生素等必要的营养物质,以增强其体质和抵抗力。

(2)保持圈舍的清洁和干燥至关重要。采取适当的消毒措施,以预防病菌的滋生和传播。与仔猪黄痢的疫苗预防措施相同,对于仔猪白痢也应采取相应的疫苗预防措施。

(3)对于早期发现的病例,可以使用乙酰甲喹注射液、庆大霉素注射液或卡那霉素注射液进行肌注治疗,每日两次,连用 3 ~ 5d。此外,庆大霉素或氧氟沙星口服治疗也具有较好的疗效。

2.8.3.8 猪链球菌病

猪链球菌病是由多种不同链球菌群所引发的猪只各类疾病的统称。其中,败血性链球菌和淋巴结脓肿是两种常见的表现形式。急性型猪链球菌病主要表现为败血症和脑膜炎,其发病率和死亡率均较高,因此具有极大的危害性。而慢性型则主要特征为关节炎、心内膜炎和组织化脓性炎,其中淋巴结脓肿的流行范围最为广泛。

链球菌的种类繁多,部分链球菌对人和动物具有致病性。然而,这些链球菌对热的抵抗力并不强,对一般的消毒剂也相当敏感。例如,0.1% 的新苯扎氯铵、2% 的石炭酸和 1% 的来苏水都能够在 3 ~ 5min 内有效地杀死这些细菌。

【防治措施】

(1)加强饲养管理,尽量减少猪群的应激反应。同时,可以选择适合的灭活疫苗或弱毒冻干疫苗进行预防接种,或者采用敏感性药物进行预防。

（2）一旦猪群中出现发病的猪只,应立即将其隔离,并对猪舍进行严格消毒。

（3）治疗方面可采用青霉素、阿莫西林、多西环素、头孢霉素和磺胺类等敏感药物进行连续治疗 3 ~ 5d。对于出现高热症状的猪只,添加退烧剂,通常可以取得较好的治疗效果。

2.8.3.9 猪传染性胃肠炎

猪传染性胃肠炎是一种急性、高度接触性的传染病,由猪传染性胃肠炎病毒引起。10 日龄以内的猪只,发病率和死亡率极高,甚至可达100%。不过,断乳猪、育肥猪和成年猪感染此病后,病情往往较为温和。

【主要症状】

这种病症的主要症状包括呕吐、严重腹泻、脱水以及 2 周内仔猪的高度死亡率。近年来,猪传染性胃肠炎已逐渐演变为世界性的猪疫病,我国也呈现出日益流行的趋势。特别是在冬季和早春的寒冷季节,该病常常以地方性的形式暴发流行,对养猪业造成了巨大的损失。

【防治措施】

（1）加强防疫工作,防止该病的传入,同时严格执行消毒程序。此外,还应定期为猪只接种猪传染性胃肠炎弱毒冻干苗,以增强其免疫力。

（2）做好冬季的保温工作至关重要,确保为仔猪提供一个温暖、干燥、无漏风的生活环境。

（3）一旦发现有猪只发病,应及时补充葡萄糖生理盐水,以防止病猪因脱水而加重病情。

2.8.4 猪的普通病

2.8.4.1 猪蛔虫病

猪蛔虫病,这是一种由猪蛔虫在小肠内寄生所引发的线虫病,无论是集约化饲养的猪还是散养的猪,都可能普遍受到此病的侵袭。此病对养猪业的危害不容小觑。更值得注意的是,猪蛔虫的幼虫移行还可能引发人体幼虫移行症,如眼部和皮肤幼虫移行症。

【防治措施】

（1）加强饲养管理,确保环境卫生状况良好,定期进行清扫和消毒工作。同时,在春秋季节各进行一次驱虫,平均每隔一个半月至两个月再次进行驱虫,这样可以取得更好的效果。

（2）治疗方面可以使用以下常用药物:

①左旋咪唑,按体重 8 ~ 10mL/kg 的剂量拌入饲料中喂给猪只。

②敌百虫,按体重 0.1g/kg 的剂量拌入饲料中喂服,但总量应控制在 10g 以内。

③伊维菌素注射液,按体重 0.2mL/kg 的剂量进行皮下或肌肉注射。

2.8.4.2 产后瘫痪

母猪产后瘫痪是一种急性低血钙、磷比例失调的疾病,这种病症通常发生在母猪分娩后,可能是突发或渐进性的,而且往往是由于运动和光照不足以及圈舍环境潮湿昏暗所导致的。尤其是那些泌乳量较高的母猪,更容易在产后 12 ~ 72h 内发病。

【主要症状】

其主要症状包括知觉丧失和四肢瘫痪。

母猪产后瘫痪的成因多种多样,主要包括营养不足、环境因素不佳、母猪自身体质问题以及胎儿因素等。

【防治措施】

（1）在母猪的怀孕期和哺乳期,要根据营养需求合理搭配日粮,确保营养的全面和均衡。

（2）保持猪舍的清洁和卫生,为母猪提供一个干燥、温暖的环境。

（3）加强母猪的运动,增加其光照时间,这都有助于预防产后瘫痪的发生。

（4）治疗上遵循补钙、补液、强心以及防止酸中毒等原则,同时采取其他辅助疗法,以帮助母猪尽快恢复健康。

2.8.4.3 猪霉玉米中毒

猪霉玉米中毒,主要是由于玉米受到赤霉菌的污染,导致其中含有玉米赤霉烯酮。当动物食用这种发霉的玉米时,会引发中毒性疾病。特别需要注意的是,年龄在 3 ~ 5 月龄的青年母猪,常常会出现假发情的症状,这是该中毒性疾病的一个显著特征。

【防治措施】

(1)一旦发现猪只可能因食用霉玉米而中毒,应立即停止喂食霉变的玉米,转而提供多汁且富含营养的青绿饲料。通常,在停止喂食霉玉米 7 ~ 15d 后,中毒的症状会逐渐得到缓解。

(2)对于中毒症状较为严重的猪只,除了停喂霉玉米外,还应加喂专门的霉玉米脱霉剂,并提供含有电解多维的饮水,以加速其恢复健康。

(3)对于那些出现脱肛或子宫脱垂的母猪,需要按照外科处理的方式进行治疗。对于炎症明显的病例,可以通过肌肉注射抗生素药物来进行治疗。

2.8.4.4 乳房炎

乳房炎是一种乳腺炎症,通常由机械性损伤和微生物感染所引发,它会导致乳腺实质或间质出现异常,并可能伴随全身性的反应。

【防治措施】

(1)加强护理。暂时减少或停止母猪的泌乳,以促进炎症的消散。

(2)调整日粮,减少精料和多汁饲料的摄入量,并限制饮水。为了及时排出炎性产物,每 4h 进行一次挤奶。

(3)药物治疗方面应合理选择抗菌药,可能需要联合用药。药物剂量要足够,每日用药次数应根据确保血液中抑菌浓度的需求来确定,并持续使用 5 ~ 7d。对于出现全身性症状的病猪,为预防毒血症的发生,可以通过静脉注射给予大量的等渗液、抗生素和抗组胺药等。

(4)母猪在分娩前后以及断乳前的特定时间段内,应减少精料和多汁饲料的摄入,以减轻乳腺的泌乳压力。同时,保持母猪乳头的清洁至关重要。在产前和产后哺乳期,可以使用 0.01% 的高锰酸钾溶液擦拭乳房,以减少细菌和寄生虫的侵袭,从而预防和减轻乳房炎的发生。

（5）局部疗法也是一种有效的治疗方式。例如，可以采用乳房基部封闭法，使用 0.5% 的普鲁卡因或稀释青霉素溶液，在乳房实质与腹壁之间的空隙进行注射。如果两天后症状没有减轻，可以再次进行注射。

第 3 章
奶牛养殖与疾病防治技术

　　本章主要从标准化奶牛场建设、奶牛标准化品种与繁殖技术、奶牛饲料与营养、奶牛的饲养管理、挤奶技术、奶牛粪污处理技术、奶牛常见疾病的防治等方面对奶牛养殖与疾病防治技术展开详细叙述与分析。

3.1 标准化奶牛场建设

3.1.1 奶牛场规模与布局

3.1.1.1 建设规模

在建设奶牛场时,应全面考虑资源、资金、技术实力、经济效益及管理水平等多方面因素,并在市场调研和深入论证的基础上锁定目标市场,进而决定建设的规模和水平。大型奶牛场的成年母牛数量通常超过800头,中型的奶牛场成年母牛数量维持在 400 ~ 800 头之间,而小型奶牛场则有 200 ~ 400 头成年母牛。

3.1.1.2 建场条件

(1)场址选择。奶牛场的建设必须符合地方的农牧业发展规划、土地使用规划、城乡发展规划以及环保规划,同时要确保选址地未受到工业"三废"、农业废弃物、城市生活垃圾及医疗废弃物等的污染,也要避免选择在水源保护区、风景名胜区及人口稠密区等敏感地带。

(2)区域环境。奶牛场应选址在地势较高、干燥、背风且向阳的地方,如果是丘陵或山地,则应选择阳坡,且坡度不得大于20°。土壤环境应优良,对奶牛饲养无害,沙壤土最为理想。地质结构需稳定,满足建筑施工的需求。同时,还需考虑当地的气候条件,如湿度、年降雨量、主导风向和风力等因素。地形应开阔且整齐,最好是长方形或正方形。

(3)防疫环境。选址应确保当地或周边地区的青贮饲料和干草资源丰富。交通便利,有专用车道直接通往奶牛场。奶牛场应远离居民点和交通主干道至少 1000m,周围 1500m 范围内不得有化工厂、畜产品加工厂、畜禽交易市场、其他畜禽养殖场、屠宰场、垃圾及污水处理设施、兽医院等可能产生污染的企业和单位,并且应位于居民区和公共建筑群主导风向的下风处。在环境严重污染或畜禽疫病频发的地区,不得建设奶牛场。

(4)水源电力供应。奶牛场必须有充足的地下水源,且水质要达到标准。同时,电力供应需稳定,奶牛场与现有输电线路(包括地上线路和地下电缆)的距离,必须符合国家的相关规定。

3.1.1.3 建设规划与布局

在建设奶牛场时,应充分利用原有地形,确保建筑朝向满足采光和通风的需求。整体布局应紧凑合理,既方便当前生产,也要考虑未来可能的改造和扩展。

场内主要分为生活管理区、生产作业区和隔离区。这些区域应根据主导风向依次排列,并保持至少50m的距离,使用围栏或围墙进行分隔。场区周围应建围墙或防疫沟以与外界隔离。围墙与一般建筑的距离不小于3.5m,与牛舍的距离不小于6m。场区大门宜采用自动伸缩门,并设在场区主干道与场外道路连接的低洼处,门宽在6～8m。

(1)生活管理区。该区应设在场区主导风向的上风位置,紧邻大门内侧。主要包括办公室、财务室、接待室、档案资料室、职工宿舍以及人员和车辆的消毒设施。大门口应设门卫室、消毒室和车辆消毒池,车辆消毒池的长度应为6～8m,深度为0.3m。消毒室需配备喷雾消毒设备和紫外线消毒灯。

(2)生产作业区。此区域主要包含牛舍、饲料仓库、挤奶厅和人工授精室等。入口处应设置人员消毒室、更衣室和车辆消毒池。泌乳牛舍应靠近挤奶厅,各牛舍之间保持适当间距,且布局要整齐。各牛舍出入口应安装消毒池或消毒垫等设备。

饲养区位于牛场中心,包括独立的牛舍、运动场、产房和犊牛舍等。饲料库和加工车间应设在饲养区之前、办公区之后,方便车辆运输。草场应设在饲养区的侧面,便于向牛舍运送饲草。草场内应建有青贮设施、草垛等,并设有专用的通向场外的通道,且草垛距房舍应在50m以上。挤奶厅应设在靠近牛舍的位置,有通向场外的通道,牛奶储存间应设在挤奶厅一侧。

(3)隔离区。主要包括兽医室、隔离舍、病死牛处理设施以及粪污储存与处理设施,应设在饲养区的下风位置,且距离最近的牛舍300m以外。隔离区内的设施应有明显的分界,并保持一定的距离。粪污储存区应具备防渗漏、防溢流和防雨水等设施。粪污处理区应有独立的对外出口,特别是在北方地区,应考虑预留冬季粪污堆积的空间。在设计粪沟时,还需考虑当地的冻土层深度。

3.1.2 各功能区建设

3.1.2.1 牛舍设计

在设计奶牛舍时,应确保其建筑模式与奶牛的生理阶段相匹配,并且建筑规模要适应奶牛群在不同生长阶段的规模。同时,建筑类型应满足奶牛饲养的技术需求。

(1)牛舍种类。奶牛舍可分为多个种类,包括泌乳牛舍、干奶牛舍、产房以及针对不同月龄的犊牛舍,如0～3个月和4～6个月的犊牛舍,还有育成牛舍和青年牛舍等。牛舍的方向最好是东西走向或南北走向,如果有多栋牛舍,建议采用长轴平行并列的布局方式。对于成年母牛和育成牛,应采用散栏式饲养方式。

(2)建筑结构。为了确保牛舍的稳定性,地基的深度应超过当地的冻土层,通常在1.5～1.8m。墙体要具备良好的保温和隔热功能。如果是采用砖墙和彩板围护的结构,应建设1.2～1.5m高的地上砖混墙体作为基础。门最好选择保温的推拉门或双开门。牛舍应设计为有窗的密闭式,确保采光系数不小于10%。对于跨度较大的泌乳牛舍,推荐采用钟楼式或半钟楼式设计,而其他牛舍则适合采用双坡式设计。牛舍的屋顶必须坚固、防水、防火且具备保温隔热功能,能够抵御雨雪和强风等恶劣天气。为了保持空气流通,应在屋顶设置通气孔,通常占牛舍面积的0.15%左右。

(3)舍内设施。牛舍内部可以使用金属材质的悬臂式隔栏。颈枷的设计应使其下部向牛床外侧倾斜5°～10°。关于牛床的尺寸,参见表3-1。牛床的坡度应保持在1°～1.5°,且牛槽端应稍高。为了增加舒适度,可以在牛床上铺设适当厚度的沙土、锯末、碎秸秆等垫料,或者使用经过资源化处理的牛床垫料,甚至可以使用橡胶垫层。此外,为了防止奶牛相互干扰,可以在牛床间设置钢管隔栏,其长度应为牛床的 2/3。

表 3-1　牛床规格

牛舍种类	牛床长度 /m	牛床宽度 /m
泌乳牛舍	1.65 ~ 1.85	1.10 ~ 1.20
产房	1.80 ~ 2.00	1.20 ~ 1.25
青年牛舍	1.50 ~ 1.60	1.10
育成牛舍	1.60 ~ 1.70	1.00
快牛舍	1.20	0.90

对于育成母牛,每头牛的产栏面积应超过 $8m^2$,并应配置独立的排污系统。至于犊牛,每头的栏面积应在 $2.5 ~ 8m^2$,并且每群犊牛的数量最好控制在 20 ~ 30 头。为了方便管理,犊牛舍应设有转群通道。此外,犊牛还可以被放置在独立的犊牛岛上饲养,这些岛屿应配备饮水、精料和干草的饲喂设施。同时,为了防止犊牛之间相互吸吮,犊牛岛之间应保持适当的距离。

3.1.2.2 挤奶厅设计

挤奶厅在规模化奶牛生产中扮演着至关重要的角色。一个完备的挤奶厅应包括待挤区、挤奶台、挤奶坑道、专业的挤奶设备、设备室、储奶间以及更衣室等。挤奶厅的面积应根据牛场的生产规模来确定,确保单次挤奶的流程不会超过 6.5h。挤奶区和储奶室的墙面应做防水处理,而地面则应有防滑设计。

为了提高牛奶的质量和挤奶效率,推荐使用厅式挤奶机,它分为固定式和转盘式两种。固定式挤奶机可以选择直线形或菱形的布局。在直线形挤奶厅中,牛被引导到挤奶台上,分两列排列。挤奶员站在两列挤奶台之间的地槽内进行操作。这种布局经济实用,每个工时能处理 30 ~ 50 头奶牛。菱形挤奶厅的设计类似,但挤奶员在操作时能观察到其他三边的奶牛,因此效率更高,适合中等规模或大型的奶牛场。转盘式挤奶机则有串联式和鱼骨式两种。串联式转盘挤奶厅是专为单人操作设计的小型转盘,有 8 个床位,通过分离栏板引导牛进入挤奶台。这种设计每个工时能处理 70 ~ 80 头奶牛。鱼骨式转盘挤奶厅的布局类似,但牛是斜向排列的,挤奶员在中央操作。这种设计机械化程度高,效率高,但设备成本也相对较高。一人操作的转盘有 13 ~ 15 个床位,而两人操作的则有 20 ~ 24 个床位,同时配备了自动饲喂和保定装置。

3.2 奶牛标准化品种与繁殖技术

3.2.1 奶牛品种

世界上存在多个专门化的奶牛品种,每种都有其独特的特点和生产性能。就产奶水平而言,荷斯坦牛无疑是目前世界上表现最优的奶牛品种,其数量众多,分布广泛。而娟姗牛则因其高乳脂率而受到特别关注。

3.2.1.1 荷斯坦牛

荷斯坦牛,也就是大家常说的黑白花牛,无疑是全球最受欢迎的奶牛品种。其原产于荷兰,并因其强大的风土驯化能力,在全球多个国家均有饲养。这种牛的外貌特征是被毛细短,大部分牛只的毛色为黑白斑块,体格高大且结构匀称。荷斯坦牛的产奶量堪称所有奶牛品种之最,其中,有一头名为"Muranda Oscar Lucinda-ET"的牛,在 1997 年创下了 365d 产奶量高达 30833kg 的世界纪录。

3.2.1.2 娟姗牛

娟姗牛原产于英吉利海峡南端的娟姗岛。它们的体形相对较小,但乳脂率却非常高,以乳质浓厚而著称。娟姗牛的毛色主要为褐色,体形清秀,轮廓清晰。这种牛的鲜奶及乳制品都备受消费者欢迎,特别是其乳脂的黄色和优良风味,非常适合制作黄油。

3.2.1.3 爱尔夏牛

爱尔夏牛原产于苏格兰,并在多个国家有分布。它们的外貌特征是体格中等,结构匀称,红白花色。虽然爱尔夏牛的产奶量不是最高的,但其乳脂率相对稳定,平均为 4.41%。

3.2.1.4 其他乳用品种

(1)蒙贝利亚牛。蒙贝利亚牛,原产于法国,是通过长期选育而成的。这种牛的繁殖力好,适应性强,且乳房结构非常适合机械化挤奶。

(2)挪威红牛。原产于挪威,主要特色是乳肉兼用、产奶量高、牛奶质量好、抗病力强、繁殖力强、长寿(终身产奶量高,更多胎次)等。

3.2.2 奶牛繁殖技术

3.2.2.1 牛群繁殖指标

在制订繁殖计划时,首先要明确繁殖的目标或指标。理想的状态是繁殖率达到100%,且每头母牛的产犊间隔为 12 个月,但实际上很难达到这一完美状态。

(1)年总受胎率。

计算公式:年总受胎率 = 年受胎母牛头数 / 年配种母牛头数 ×100%

统计方法:①数据的统计周期为一个完整的繁殖年度,具体时间为前一年的 10 月 1 日开始,到本年度的 9 月 30 日结束;②若一头母牛在统计周期内受孕两次或多次(不论是正常分娩还是流产后再次受孕),其受孕次数和配种次数都应独立计算;③在配种后的两个月内,如果母牛被淘汰、死亡或出售,其数据将不计入统计;而配种两个月后发生上述情况的,其数据则会计入统计;④确认母牛受孕的最短时间设定为配种后的两个月(该标准同样适用于以下其他指标的确认)。通常情况下,年度总体受孕比率应至少达到90%。

（2）年情期受胎率。

计算公式：年情期受胎率 = 年受胎母牛头数 / 年输精总情期数 ×100%

统计方法：①所有进行人工授精的发情周期都需记录在案。需注意的是，如果母牛最后一次配种与其被移出牛群（如出售、死亡等）的日期间隔少于两个月，那么这次发情周期不计入统计，但该母牛在此次发情周期之前的配种记录仍需计算在内；②数据收集的时间范围是从上一年的 10 月 1 日开始，到本年度的 9 月 30 日结束。通常情况下，年度发情周期受孕比率应至少达到 50%。

（3）年平均胎间距。

计算公式：年平均胎间距 = $\sum$ 胎间距 / 头数

统计方法：数据的统计按照自然年度进行，即从每年的 1 月 1 日开始，到 12 月 31 日结束。在这段时间内，无论是未足月就活产的母牛，还是怀孕期满 270 天以上的活产母牛，其产犊间隔时间都应纳入统计范围内。然而，因流产而未能成功产犊的母牛，则不计入此项统计中。在一般情况下，年度平均产犊间隔最好控制在 410 天以内。

（4）年繁殖率。

计算公式：年繁殖率 = 年产犊母牛数 / 年可繁母牛数 ×100%

统计方法：①数据的统计依据自然年度进行，若一头母牛在一年内产下两胎，则计为两头，若母牛一次产下双胞胎，则计为一头，对于早产的母牛，只要其怀孕期达到或超过 7 个月，就将其计入年度实际产犊的母牛数量中；若怀孕期少于 7 个月，则不计入统计；②年初可进行繁育的母牛数量，是指在 1 月 1 日时已经成年的母牛数量，以及虽然还未满 18 个月但预计在本年度会产犊的母牛数量；③对于在本年度内引入的母牛，如果其在引入后成功分娩，在计算时，分子和分母都分别增加一头；如果未分娩，则不计入统计。在一般情况下，年度繁育成功率能够达到 85% 或以上为佳。

3.2.2.2 繁殖、配种计划制订

繁殖在奶牛产业中起到了连接各个生产环节的桥梁作用。由于繁殖与牛奶产量紧密相关，因此为了提升奶业收益和增殖犊牛的收入，须精心制订繁殖计划。该计划不仅是为了让母牛在适当的时间进行交配和分娩，还是编排牛群运营计划的重要基础。在制订配种与分娩方案

时,不能仅仅遵循自然的生产规律,即不能只根据交配数量决定分娩数量。相反,需要在深入研究牛群生产规律和经济需求的基础上,优化选种和选配策略。必须综合考虑牛的初始繁殖年龄、怀孕期、产犊间隔、生产目标、业务任务、饲料供应、畜舍设施以及饲养管理水平,以此来确定大批牛只的交配、分娩时间和数量。母牛的繁殖特性表现为全年可进行交配和分娩,并无明显的季节性。所谓的计划内控制产犊,即将母牛的分娩时间调整到最理想的产奶季节,从而避开在炎热季节分娩,以优化生产性能。

3.2.2.3 奶牛初情期与初配

育成母牛通常在 6 ~ 10 个月大时进入初情期,平均年龄为 8 个月,这标志着它们已具备繁殖的潜力,但并不一定具备繁殖能力。育成母牛的性成熟期,即其生殖生理功能成熟的阶段,通常发生在 8 ~ 12 个月大时,平均年龄为 10 个月。虽然此时育成母牛已具备繁殖能力,但并不适宜进行配种。至于体成熟期,即育成母牛身体各部分都已发育成熟,这通常发生在 16 ~ 20 个月大时,平均年龄为 18 个月,这表明育成母牛已经可以配种。育成母牛的这些发育阶段可能会受到品种、饲养条件、营养状态、环境温度等因素的影响而有所变化。对于已经成年的母牛,其产后首次发情的时间平均为 52 天,其中 30 ~ 90 天发情的占 70%。这个时间点与母牛的产犊季节和子宫健康状况有关。例如,冬季和春季产犊的母牛,其产后首次发情的时间通常比夏季和秋季产犊的母牛晚大约 8 天。对于那些初情期延长或产后首次发情延迟的母牛,需要深入调查原因,检查其饲养管理情况和内部生殖器官的状况。

对于育成母牛的初次配种,应在体成熟初期进行,即 16 ~ 18 个月大时,但要求体重需达到成年母牛体重的 60% ~ 65%,即 360 ~ 390kg。过早配种可能会对母牛的生长发育和首胎产奶量产生不利影响,而过晚配种则可能影响受孕率,从而增加饲养成本。对于已经成年的母牛,产后首次配种的最佳时间是在产后 60 ~ 90 天。对于产量较低的牛只,这个时间点可以适当推迟,而对于产量较高的牛只,则可以适当提前。但过早或过晚配种都可能对受孕率产生不利影响。

3.2.2.4 奶牛的发情鉴定

确保奶牛发情鉴定的准确性对于适时输精和提高受孕率至关重要。由于奶牛的发情周期相对较短,且外部表现显著,因此发情鉴定主要依赖于外部观察,辅以其他检查手段。在健康的牛群中,超过 90% 的母牛会符合出正常的发情周期和表现出明显的发情迹象。然而,一些年老的牛只可能由于体弱等原因,发情表现不明显,这时可以利用阴道黏液测试法来确认其发情状态。同时,饲养管理不善、极端气候或高产奶量也可能影响母牛的发情规律性和表现,增加发情鉴定的难度。在必要时,可以进行直肠检查,通过触摸卵巢上的卵泡发育情况来判断母牛的发情进程和确定输精的时机。

(1)外部行为观察的方法。在发情鉴定中,外部行为观察是一种简单易行的方法。根据母牛的行为和生理变化,发情期可分为以下三个阶段。

①发情前期。母牛开始表现出兴奋和敏感,对其他母牛的爬跨行为有所抵触,但也会试图爬跨和嗅闻其他母牛,阴部湿润并轻微肿胀。

②发情期。此阶段通常持续 10 ~ 24h,在炎热天气下可能会缩短。这时,母牛会接受其他牛的爬跨,阴部红肿并有透明黏液流出,食欲下降,产奶量减少,体温上升。

③发情后期。部分母牛仍会展现出发情行为,但不再接受爬跨,阴部继续流出透明黏液,尾部黏液变干。

这三个阶段是连续的,并没有明确的界限。理论上,在发情症状结束后 3h 内进行输精,受孕率最高,且通常只需一次输精。观察发情的关键时刻是母牛从接受爬跨转变到不接受爬跨的转折点。

并非所有参与追逐爬跨的牛都处于发情期。刚发过情或怀孕后期的母牛由于体内雌激素水平较高,也可能参与追逐,但它们会拒绝被爬跨。

为了有效观察母牛的发情情况,应重点在早晚进行观察。早晨挤奶、下午挤奶前和晚上 10 点左右是观察的最佳时机。由于夜间环境安静且激素分泌旺盛,夜间发情的奶牛较多,约占 65%。因此,早晚两次的观察至关重要。

(2)阴道黏液测试的方法。在奶牛的发情期间,其阴门部位会有规律地分泌出黏液。这种黏液的特征会随着发情阶段的变化而变化,为人们提供了判断奶牛发情状态的重要线索。在发情初期,奶牛阴门分泌的黏液量较少,清亮且透明,质地稀薄,具有一定的流动性,且 pH 偏向酸性。随着发情进入中期,黏液分泌量逐渐增多,颜色变为半透明,其黏性和 pH 都有所上升。到了发情后期,黏液的量又会减少,但质地变得更为黏稠,类似于玻璃棒的状态,且牵缕性显著增强,此时 pH 则偏向碱性。一个显著的观察特征是,当发情的奶牛躺下休息时,可以看到大量的透明清洁黏液从阴门流出,有时甚至多达 300 ~ 500mL。当奶牛站立时,这些黏液常常悬挂在阴门外,形成所谓的"吊线"现象,这通常是奶牛正处于发情期的一个明确标志。

由于非发情期或已受孕的奶牛也可能有少量黏液流出,因此需要进一步通过检测黏液的 pH 值和牵缕性来确定其发情状态。pH 值的测定可以使用专用试纸,其范围在 6.0 ~ 8.8。测试时,将试纸浸入新鲜黏液中 1s,然后迅速与标准比色卡对比以读取数值。牵缕性的测试是通过食指和拇指取少量新鲜黏液,然后迅速且反复地拉合,观察黏液丝断裂时的次数。

根据测定结果,可以判断奶牛的发情阶段:发情初期的黏液 pH 值多在 6.6 ~ 7.0;发情中后期则在 7.0 ~ 7.4;而非发情或已受孕的奶牛,其黏液的 pH 值主要在 6.4 ~ 6.8。因此,如果测得的 pH 值在 7.0 ~ 7.4,那么该奶牛很可能正处于发情期。通过观察黏液的牵缕性,可以得出类似的结论:发情初期的牵缕性主要在 4 ~ 6 次;发情中后期则在 6 ~ 8 次;而非发情奶牛的牵缕性则主要集中在 0 ~ 2 次。所以,如果测得的牵缕性在 6 ~ 8 次,那么该奶牛很可能正处于发情期。

(3)阴道黏液抹片镜检。在奶牛发情期间,通过显微镜观察其抹片,可以发现呈现出如羊齿植物般的规整花纹,这种花纹长且有序,并且能够在镜下保持数小时之久的清晰度。当发情接近尾声时,这些结晶结构的抹片会变得较短,形态类似金鱼藻或星芒。如果抹片没有显示出这种结晶花纹,那么奶牛成功受孕的概率会相对较低。

(4)直肠检查的方法。在鉴定奶牛是否处于发情状态时,可以采用直肠检查的方法,即通过直肠触摸来探知卵巢和子宫的状况,以此为发情判断提供依据。

处于发情期的奶牛,其卵巢上可触及特定阶段的卵泡,且子宫会稍显坚硬,同时子宫收缩的反应也会更为强烈。母牛的卵泡发育可被人为地划分为四个阶段：卵泡初始期、卵泡发育期、卵泡成熟期和排卵发生期。

①卵泡初始期。卵巢逐渐开始增大，卵泡在卵巢的某个部位开始发育并慢慢突出，直径大约在 0.5cm 左右。在进行触诊时，可以感觉到一个相对软化的点。此阶段的奶牛开始展现出一些发情的迹象，但尚不接受其他牛的爬跨。这一时期通常会持续 6 ~ 12h。

②卵泡发育期。卵泡持续增大，直径达到 1 ~ 1.5cm，形状变得更加球形，并明显地从卵巢表面突出。卵泡壁呈现出紧张而有弹性的状态，并有一定的波动感觉。此时，奶牛的发情表现变得更为明显，并愿意接受其他牛的爬跨。这一阶段可能会维持 8 ~ 12h。

③卵泡成熟期。卵泡的大小不再继续增大，卵泡壁逐渐变薄，紧张度进一步增加，但随后会开始变软，给人一种稍一触碰就会破裂的感觉。在这个阶段，奶牛的发情表现开始减弱，不再接受其他牛的爬跨，并逐渐恢复到平静状态。这一时期通常会维持 6 ~ 12h，是进行人工授精和配种的最佳时机。

④排卵期。卵泡破裂并释放出卵子，即发生排卵。卵泡内的液体流失，导致泡壁变得松软并出现塌陷，触摸时有一种双层皮的感觉。排卵后的 6 ~ 8h，黄体开始形成，其直径约为 0.6cm，触摸时有类似柔软肉质的感觉。随着黄体的进一步发育并达到成熟状态，其直径会增至约 2cm，并呈坛口状从卵巢表面突出。此时的奶牛处于安静状态，不接受其他牛的爬跨。

在进行直肠检查时，需要注意区分卵泡和黄体。黄体在排卵后的 6 ~ 8h 内开始形成，初形成的黄体直径为 0.6 ~ 0.8cm，触摸时感觉像柔软的肉质组织。而完全成熟的黄体直径则达到 2 ~ 2.5cm，质地稍硬并具有一定的弹性。相比之下，处于 2 期和 3 期的卵泡则具有明显的波动感。这种方法既准确又直接，但操作起来有一定的难度。

（5）其他方法。采用特殊技巧可以帮助饲养者更有效地观测母牛的发情状况。例如，可以利用一种装有颜料且对压力反应灵敏的设备，将其固定在母牛的尾根部。这样一旦有其他母牛尝试骑跨，就会在该母牛身上留下醒目的颜色标记。另一种方法是在用于试探的公牛下颚系上一个含有颜料的小球，当它对发情的母牛进行骑跨行为时，母牛的肩部就会留下颜色印记。

利用尾根涂色的方式来检测发情状态的效果良好。具体做法：对所有符合繁殖条件的牛只,每天在它们的尾根上部喷涂专用颜色或使用蜡笔进行标记。饲养者可以通过观察这些颜色的保留状况,来判断母牛是否进入发情期。

母牛发情与其活动量的增加之间存在着直接的联系。可以通过在母牛前肢安装步数计数器来收集它们的活动数据,这些数据会通过传感器进行记录,并在专门的奶牛智能管理软件中进行分析。通过测量和分析这些活动数据,系统能够为我们推荐一个最佳的受精时间,这不仅简化了操作过程,还优化了繁殖管理。某些先进的奶牛智能管理软件,除了具备牛只识别和传统计步器的发情检测功能外,还新增了记录牛只躺卧时间和频率的功能。通过对这些数据的处理,可以更准确地了解到牛只的行为异常,从而评估牛场的舒适度状况。

(6)情后出血现象。

大约60%的发情母牛会出现一种特殊的征兆,即阴道会流出含有血液的黏液,这种情况通常在发情后的两天左右出现,有些人将其称为"月经"。这一征兆对于识别那些未被注意到的发情牛只非常有帮助,它能为饲养者提供一个参考,以追踪这些牛只的下一个发情期,或者作为调整其发情周期的依据。"月经"出现后的下一个发情期,大约会在19d后开始。如果流出的血液过多,可能会对母牛的生育能力造成影响,有可能导致不孕。为了应对这种情况,饲养者可以在配种后尝试使用黄体酮和维生素K进行治疗。

3.2.2.5 奶牛人工授精技术

在全球范围内,良种公牛每年生产的冷冻精液数量及其应用效果存在显著的差异。据悉,在国外,一头良种公牛年均能产出2.5 ~ 5万份的冷冻精液,而在中国,这一数字平均仅为1 ~ 1.5万份。同样,每头公牛平均可授精的母牛数在国外为1500 ~ 3000头,而在国内则介于1000 ~ 1200头。就人工授精的成功率而言,国外的情期受胎率普遍在60% ~ 70%,而中国则平均在50% ~ 60%。

(1)直肠检查操作方法。操作人员通常会选择左手进行操作,先为手部戴上塑料薄膜手套,确保手指紧密并拢,形成锥形结构。随后,手指会缓慢而稳定地进入牛的肛门,逐渐深入到直肠内部。初步进入后,首要任务是清除直肠内的残留粪便。一个有效的清除技巧并非直接掏出粪便,而是先将其推向内部,等待母牛肠壁的自然反应,在其努责时顺势清理。

但实际操作中,不是所有母牛都会如此配合。在某些情况下,操作人员可能需要手动逐一清理粪便,以进行后续的检查工作。在这个过程中,可能会遇到两种主要的挑战:首先,是直肠的强烈收缩,这可能会束缚手指的活动。此时,一个实用的解决方法是暂时停止手部在直肠内的动作,同时请助手在母牛的腰椎结合部进行掐捏,或者轻拍其眼睛,以转移其注意力。其次,当肠壁紧贴骨盆四周膨胀时,可以通过前伸手臂压迫特定的部位来使直肠回缩。当肠壁的收缩处于可控范围内时,操作人员可以将手心朝下,手掌平展,并微微弯曲手指。再次,在骨盆的底部施加适当的压力,首先定位到子宫颈,然后沿着它向前摸索,直到触碰到两侧的子宫角。在这两个角之间,可以明显感受到一个沟槽。最后,沿着子宫角的大弯向下或向两侧探索,最终可以定位到卵巢。一旦找到卵巢,便可以使用拇指、食指和中指来仔细感受其大小、形状、质地以及卵泡的发育情况。这样不仅可以准确判断卵泡的发育阶段,还能确定母牛的发情时期和最佳输精时间。此外,在需要时,还可以握住子宫颈进行输精操作。

(2)最佳输精时间。奶牛的繁殖周期大约为21d,而其发情时间相对短暂,通常仅持续大约20h。排卵往往在发情结束后的8~16h内发生,而最佳的输精时间通常是在排卵前的3~8h。在实际操作中,为了提高受孕率,养殖者通常会在母牛接受其他牛爬跨后的8~24h内进行输精,这通常对应于卵泡发育的后期或卵泡成熟期。

对于负责输精的工作人员来说,了解以下规律至关重要:如果母牛在早上表现出接受爬跨的行为,那么应该在同一天的下午进行输精。如果母牛在次日早上仍然接受爬跨,那么应该再次进行输精。若母牛在下午或傍晚接受爬跨,输精可以推迟到第二天早上进行。如果输精工作由场内人员负责,通常建议在首次输精后的12h进行第二次输精。对于个体饲养的小规模奶牛群,输精的时间安排可以更为灵活。此外,值得注意的是,超过半数的奶牛会在深夜排卵,因此傍晚输精可能有助于提高受孕率。

(3)输精方法。

①内光源开腔器输精法。对于初学者而言,使用内置光源的辅助器能更清晰地观察到子宫颈的外部开口,进而可以轻易地将授精器插入到

子宫颈内 1 ~ 2cm 的位置,并注入精液。尽管这种方法相对简单且易于上手,但由于授精部位较浅,存在较高的感染风险,因此其受孕成功率相对较低。

②直肠把握子宫颈输精法。这种方法与直肠检查操作类似。首先,操作人员需戴上薄膜手套,将左手伸入直肠,清除残留粪便,寻找并握住子宫颈的外部开口端,确保子宫颈的外部开口与小指形成的环状结构保持水平。同时,用伸入直肠的手臂轻轻压开阴门,右手则持有授精器插入阴门(注意在插入时先以 15cm 斜向上的角度插入,然后再转为水平方向,以避免误插入尿道开口)。在左手握住子宫颈和右手持授精器的协同操作下,使授精器缓缓通过子宫颈内的 2 ~ 3 个环状结构,随后注入精液。在操作过程中,要准确掌握握住子宫颈的位置,这有助于双手的配合。若位置过于靠前或靠后,都可能影响授精器深入子宫颈。这种方法是每个技术人员都应掌握的基本技能,其优点在于工具简单、感染风险低、授精部位深入,从而提高了受孕成功率,相较于使用开膛器的方法,其受孕率可以提高 10% ~ 20%。

经过大量的实验验证,无论是在子宫颈深部、子宫体部、排卵侧还是排卵侧的子宫角进行授精,其受孕率均无显著差异。如果养殖场的卫生条件欠佳或使用的授精器械表面不够光滑,建议避免在子宫内部进行授精,而应选择在子宫颈深部(即子宫颈内口)进行授精,以降低对子宫的损伤和污染风险。

(4)输精次数。除了母牛自身的因素外,冷冻精液的输精成功率还主要受到精液品质以及发情期判断精准度的影响。若精液品质上乘且发情期判断准确,单次输精便可能获得理想的受孕率。鉴于每头母牛的发情排卵时间存在较大差异,通常建议进行两次输精以提高受孕机会。出于节约成本的考虑,许多养殖者可能只选择进行一次输精,这无疑会降低受孕率。但值得注意的是,如果输精次数超过三次,并不会进一步提高受孕率,反而可能增加子宫或生殖道感染的风险,进而引发相关疾病。

(5)产犊到第一次输精最佳间隔的确定。奶牛最佳的繁殖频率是每年生育一次,也就是说,从一次生育到下一次生育的理想间隔应为 365d。在扣除 60d 的干奶期后,每头奶牛的正常产奶期为 305d。奶牛生育间隔的适宜范围在 400 ~ 410d 之间,而理想的产奶周期则介于 280 ~ 330d。分娩后,最佳的配种时间窗口为 60 ~ 110d。由于奶牛在分娩后需要一段时间来恢复身体,因此不建议过早进行配种。如果生育间隔过短,可能会对当前胎次的产奶量产生负面影响;而对于初次生育的青年母牛,如果它们在下次怀孕前还未完全发育成熟,那么产后的早期妊娠成功率会相对较低。更重要的是,如果产后过早进行配种,其产奶期可能无法达到305d。相反,如果生育间隔过长,则可能会对奶牛的终身产奶量产生不利影响。

3.2.2.6 奶牛妊娠诊断技术

（1）妊娠诊断的意义。对奶牛进行早期妊娠诊断至关重要,有助于保护胎儿、降低空怀率、提升繁殖效率。经过诊断确认怀孕的母牛,应强化其饲养管理;对于未孕的母牛,需关注其再次发情时的配种情况,并分析未孕的原因。在此过程中,还可以发现并治疗某些生殖器官的疾病,及时淘汰那些屡配不孕的牛只。错误的早期妊娠诊断可能导致发情母牛错过配种时机或已孕母牛因误判而流产,从而不必要地延长了产犊间隔。

（2）直肠检查法。直肠检查是判断奶牛是否怀孕以及孕期的一种经济且可靠的方法。经验丰富的技术人员通常能在配种后90d内给出100%准确的判断。

对于未孕的奶牛,其子宫颈、体、角及卵巢均位于特定位置,子宫角对称且无液体。当奶牛怀孕20～25d时,排卵侧的卵巢上会出现明显的妊娠黄体,使得该侧卵巢体积大于另一侧。到了怀孕30d,子宫角开始表现出不对称,孕角会变得更粗、更松软,触摸时感觉内有液体波动。技术精湛的检查者甚至能摸到豆形羊膜囊。随着孕期的增长,孕角会持续增粗,波动感更加明显,而子宫角也逐渐从骨盆腔垂入腹腔。到了怀孕90d,角间沟消失,子宫扩大并充满羊水,有时甚至可以触摸到悬浮的胎儿。

（3）B超妊娠诊断法。B超对于奶牛早期妊娠诊断具有重要意义,其操作简单、准确率高,并能直观显示妊娠特征。在配种后的短时间内即可进行检查,避免了传统直肠检查法的主观性和对胚胎的潜在伤害。通过B超图像,可以清晰地观察到子宫壁增厚、胚泡出现以及胚体的发育情况。

（4）血液或牛奶中黄体酮水平测定法。由于怀孕后黄体酮水平会显著升高,因此可以通过放射免疫或酶免疫法来测定这一激素的含量,从而判断母牛是否怀孕。这种方法的好处是奶样收集相对方便,且近年来酶免疫药盒的发展使得这一诊断方法更加简单实用。

3.2.2.7 分娩管理技术

在母牛预产期前一周,应将其移至产房。在分娩前,需要密切关注分娩的先兆,并作好充分的接生准备。在分娩前的 10d 内,母牛的乳房会开始增大,而在分娩前 2d,乳房会显著膨胀,皮肤呈现红色,乳头也会变得饱满。预产期前 7d,母牛的阴唇会肿胀并变得柔软。在分娩前的 1~2 d,子宫颈的黏液会变软、变稀,并呈线状流出。此外,从预产期前 7d 开始,母牛的骨盆韧带会逐渐软化。当分娩临近时,母牛会显得焦躁不安,不停地走动,食欲会下降,并频繁出现排尿的动作。

分娩是母牛自然地将发育成熟的胎儿、羊水及胎膜排出体外的生理过程,通常不需要人工介入,而是让母牛顺其自然地生产。人们的职责是为奶牛提供一个干净、宁静且舒适的环境,以减少其应激反应,并备好接生所需的物品,静待奶牛自然分娩。对于那些可能出现分娩困难的母牛,需要在适当的时机提供帮助,且助产的方式和程序应符合产科的规范。科学合理的分娩护理和助产对于奶牛生殖系统的正常恢复至关重要,这也是奶牛能否再次成功受孕的基础。

3.2.2.8 产后生殖系统监护技术

(1)产后 3h 内,应密切关注母牛产道是否有出血或受损。接下来的 6h 内,要留意母牛的努责状况,如果努责剧烈,应检查子宫内是否还有遗留的胎儿,并警惕子宫脱出的迹象。产后 12h 内,要观察胎衣是否全部排出。之后的 24h 内,注意监测恶露的排放量和特性,大量暗红色的恶露是正常的生理现象。

(2)在产后的前 3d 内,要特别注意观察母牛是否出现生产瘫痪的征兆。

(3)产后 7d 内,应关注恶露是否已经排净,同时观察分泌物的颜色、气味及数量是否正常。每天早上和晚上都要检查母牛的食欲情况,并监控其体温,以便及早发现并治疗可能出现的疾病。在产后 7~15d 内,应对母牛进行首次的产科检查。

（4）在产后约 11d,应通过肌肉注射给予母牛 0.4mg 的氯前列烯醇,以预防感染并加速子宫的恢复。

（5）产后约 21d,应对子宫的恢复情况进行检查,一旦发现恢复不完全或其他异常情况,应及时处理,确保母牛能够在适当的时候进行配种。

（6）在产后的 40 ~ 60d 内,应密切注意母牛产后的首次发情,并记录其时间,以便于对后续发情周期的监控,并提高在产奶高峰期发情鉴定的准确性。

（7）母牛产后的日粮应保持营养均衡,特别要注意精料和粗料的比例。过高的精料比例可能会引发真胃变位、酮病等其他产后疾病。产后 60d 内,每天应为每头母牛提供300g 的过瘤胃脂肪,以减轻能量负平衡,确保母牛能够适时发情。同时,必须严格控制乳腺炎的发生,因为乳腺炎会降低受孕率。

3.2.2.9 奶牛繁殖调控技术

（1）同期排卵定时输精技术。随着奶牛产量的持续增长,一些繁殖障碍问题,如卵巢静止、持久黄体和卵巢囊肿等也逐渐增多。这些问题经常导致奶牛在产后长时间不进入发情期,或发情表现不明显,从而使得最佳的配种机会被错过。为了解决这一问题,可以采用激素处理,使母牛在不经发情鉴定的情况下,能在预定的时间进行配种,从而显著提高受孕率。

实施方式有两种:第一种是先通过肌肉注射促排卵 3 号,7d 后注射氯前列烯醇,等待 30 ~ 36h,再次注射促排卵 3 号,之后的 16 ~ 20h 进行定时受精;第二种方法同样是先注射促排卵 3 号,7d 后注射氯前列烯醇,但之后等待 24h 再注射雌激素,再过 24h 后进行定时受精。

还有其他多种方法可以达到同样的效果,如单独使用前列腺素或阴道栓,或者组合使用促性腺素释放激素与前列腺素,甚至还可以加入阴道栓等。只要严格按照所选方法的程序进行操作,都能获得一定的成效。

（2）性别控制技术。性别选择技术是一种新型的繁殖方法,可以通过人工介入来选择所期望的后代性别。在奶牛中,可以利用 XY 精子分离技术对性别进行控制。这项技术基于 X 和 Y 染色体精子 DNA 含量的差异,能够精确地将这两种精子分开。接着选择含有 X 染色体的精子进行分装和冷冻,以备用于人工授精,从而使母牛受孕并产出母牛犊。这种根据精子性染色体差异进行分装的冷冻精子被称为性别选择冷冻精子。

在传统的动物繁殖中,公母比例是相等的。但在奶牛养殖业中,母牛的经济价值远高于公牛,因为母牛能够产奶。如果一头母牛经过一年的怀孕期后产下母牛犊,那么其经济价值将是产下公牛犊的几倍。因此,养殖户更希望母牛能产下母牛犊。使用性别选择冷冻精子,母牛的出生率可以超过 90%。此外,为了提高母牛的出生率,可以在配种期间给奶牛喂食特定的酸性饲料,或在饲料中添加铬、锌等必要的微量元素。

(3)围产期繁殖监护技术。精心监控围产期奶牛的繁殖状况,可以有效提高奶牛的繁殖成活率。在母牛预产期前 7d,应定期测量体温。当体温从 39 ~ 39.5℃急剧下降至约 38℃时,通常预示着在接下来的 12h 内将会分娩。对于经验丰富的母牛,应该更倾向于让其自然分娩,而对于初次分娩的母牛,则应在胎儿肢蹄露出后协助其分娩。在此过程中,应尽量减少人员或机械对母牛产道的干预,以降低感染风险。

分娩后,应立即为母牛提供 500mL 的营养钙制剂。在接下来的 3h 内,需要密切关注母牛产道是否有出血或损伤。如果子宫出现大量出血,应立即肌肉注射 150U 的缩宫素。此后的 6h 内,要注意观察母牛的努责情况,如果努责强烈,应检查子宫内是否还有残留的胎儿。在分娩后的 12h 内,要注意胎衣是否已全部排出。如果胎衣未排出,应每天向子宫内投入 5g 土霉素或 2 粒宫炎净。

在 24h 内,要观察恶露的排放情况,大量暗红色的恶露是正常的,不排或过多都是异常情况。3d 内要特别注意母牛是否有生产瘫痪的症状。第 5d 应通过直肠检查来判断子宫的恢复状况。到第 7d,重点应放在观察子宫恶露的变化上,包括数量、颜色、异味以及是否有炎性分泌物等。

对于早期感染的母牛,不应过早进行子宫注药,而应等待子宫自然清洁,大约 15 ~ 20d 后,再根据情况酌情用药。到第 15d,应再次观察子宫分泌物是否正常。大约 30d 后,通过直肠检查来评估子宫的康复情况。在产后的 40 ~ 60d 内,应重点监测卵巢的活动情况以及产后首次发情的时间。

(4)繁殖营养调控技术。确保饲料的阴阳离子均衡(DCAB)是奶牛营养管理的新进展。一个均衡的 DCAB 能够确保饲料中的各种营养成分充分发挥其生物学效用,对奶牛体内的基因调控、酶和细胞功能的调节、体液的酸碱平衡、渗透压的均衡以及解除体内酸碱失衡都扮演着至关重要的角色,进而提升奶牛的产奶量和血钙水平。

如果 DCAB 失衡,将会导致奶牛的血钙水平下滑,进而可能引发产乳热,并降低体组织特别是心血管、生殖、消化和乳腺组织的肌肉弹性。这种失衡状态下的奶牛患上代谢性疾病的概率是正常奶牛的 3 ~ 9 倍,同时分娩前后的奶牛更容易出现酮病、乳腺炎、难产、真胃移位、胎衣难下以及子宫复旧不全等问题。

DCAB 的不稳定还可能影响奶牛的子宫肌肉弹性,增加分娩后胎衣不下的风险,延长子宫恢复时间,推迟产后发情,进而影响受孕,甚至导致不孕牛增多,对牛群的繁殖率产生不良影响。同时,这种失衡还可能导致奶牛乳头末端的括约肌弹性减弱,使得挤奶后乳头无法紧闭,增加了细菌侵入的机会,从而提高了乳腺炎的发病风险。

为了维护奶牛饲料中的 DCAB 稳定,可以使用阴离子盐类的饲料添加剂。

3.3　奶牛饲料与营养

3.3.1 奶牛的饲料

奶牛的饲料种类很多,按其形状和特性可分为粗饲料、青绿饲料、青贮饲料、能量饲料、蛋白质饲料、矿物质饲料和维生素饲料七大类。

粗饲料的纤维质含量较高,体积大,但营养价值相对较低,纤维质含量超过 18%。但它能有效促进奶牛的反刍、肠胃活动和消化能力,有助于维持奶牛的乳脂率。例如,晒干的牧草、谷物秸秆、干豆科植物等都属于这一类。

青绿饲料的水分含量较高,通常超过 60%,且富含维生素,纤维较少,口感好,易于消化,是奶牛的理想食物。比如,各种叶菜、牧草以及新鲜的红薯藤等都属于这类。

青贮饲料是指通过特定方法保存的饲料,它经过发酵后带有香味,质地软,且能保留大部分的营养成分。其消化率高,口感好,并能提高奶牛的产奶量。例如,青贮的玉米秆、红薯藤等都属于此类。

能量饲料水分含量低于 45%,且纤维质和蛋白质含量较低,主要包括农作物的种子和糠麸,如玉米、小麦麸等。它们富含碳水化合物,能量高,口感好,易消化,是奶牛精饲料中的重要部分。

蛋白质饲料水分含量也低于 45%,纤维质含量低,但蛋白质含量高,主要包括植物性和动物性蛋白料,如豆粕、鱼粉等。它们是奶牛精饲料的重要补充,通常占据精饲料的 20% ~ 30%。

矿物质饲料主要提供奶牛所需的常量和微量元素,如骨粉、石粉等。尽管在奶牛的日常饲料中占比不大,但对维持奶牛的正常生长、繁殖和健康至关重要。

维生素饲料是经过工业合成或提纯的维生素,如维生素 A、E 等。它们在奶牛的日常饲料中占比极小,但需要专业厂家进行预混后才能使用,且贮存条件较为严格。

添加剂主要是指非营养性的添加剂,如防腐剂、抗氧化剂等,旨在强化饲养效果和便于饲料的贮存。在使用这类添加剂时,应严格遵守国家相关规定,以确保产品质量和人类健康。

3.3.2 奶牛对营养的需要

奶牛在维持正常生命运作、增长、产奶和怀孕等过程中对营养物质有着特定的需求。

3.3.2.1 水的代谢需要

水虽非营养物质,但对奶牛的身体机能、乳汁生产和食物摄入量都至关重要。奶牛的水需求包括食物中的水分和直接饮用的水,受产奶、怀孕、气温和湿度等多重因素影响。这主要取决于它们所摄取的干物质数量和产奶量,通常每消耗 1kg 干物质需饮水 4 ~ 6kg,而每产 1kg 奶则需水 2 ~ 3kg。

3.3.2.2 维持机体生命的营养需要

奶牛在进行日常活动时,会消耗体内存储的营养和能量,这需要不断地从食物中补充,以满足其维持生命的营养需求。这些能量主要来自食物中的碳水化合物、脂肪和蛋白质。每种营养物质产生的热量各不相同,碳水化合物每克产生4.1kcal,脂肪每克产生9.45kcal,而蛋白质每克产生5.65kcal。

在我国,采用"奶牛能量单位"作为评估饲料能量效率和经济效益的标准,这也是营养需求的一个重要指标。一个"奶牛能量单位"的能量相当于1kg含脂肪的标准牛奶,即750kcal的产奶净能。

奶牛的维持需求是根据其体重来计算的。通常,每100kg体重的奶牛需要摄取大约1.31kg的干物质、98g的粗蛋白质、6g的钙和4g的磷。在青草茂盛的季节,一头成年的母牛通常可以通过吃草来满足其基本的营养需求。然而,为了保证全面的营养摄入,每天还应额外补充1～1.5kg的混合精料,而在干草季节,这一数量应增加到1.5～2kg,并辅以5～8kg的青绿块根食物。

3.3.2.3 泌乳的营养需要

在产奶期间,奶牛的能量代谢率大约是干奶期的两倍,其具体需求取决于奶牛的体重、产奶量和乳脂率。除了满足基本的营养需求外,每产1kg奶还需要额外的0.52kg干物质、85g粗蛋白质、4.5g钙和3g磷。一般来说,成年产奶奶牛每天所需的干物质约为其体重的2%～3.5%。

3.3.2.4 怀孕的营养需要

在怀孕期间,胎儿的所有营养都来自母体,且其超过50%的生长发育是在怀孕的最后3个月完成的。因此,怀孕奶牛的营养需求主要集中在怀孕期的最后3个月,特别是干奶期的营养需求。在这期间,除了基本的维持需求外,每天还需要增加3～5NND的能量、400g以上的粗蛋白质、25g的钙、10g的磷以及大约2万单位的维生素。干物质的摄入量应为体重的2%～2.5%。

3.3.2.5 生长发育的营养需要

从出生到开始产奶,是奶牛生长最旺盛的阶段,其营养需求尤为重要。在哺乳期,这些需求主要通过牛奶来满足,而在断奶后,则完全依赖于食物。因此,这一时期应提供充足的营养物质,特别是蛋白质、矿物质和维生素。根据相关记录,每增加 1kg 体重,大约需要 8NND 的能量、320g 的粗蛋白质、20g 的钙、10g 的磷以及 3000IU 的维生素。

3.3.3 日粮的配制

3.3.3.1 配制原则

在配制奶牛日粮时,应参照《奶牛营养指南》与《饲料营养组成表》,同时结合养殖场的奶牛群体的具体情况,进行科学合理的日粮设计。目标是确保精料和粗料的比例均衡,满足奶牛全面的营养需求。

3.3.3.2 奶牛日粮配合的方法

(1)粗饲料组合模式的确定方法:奶牛日粮一般以粗饲料满足奶牛的维持需要。粗饲料组合模式的确定按以下三个步骤进行。

首先,设定粗饲料中青贮与干草各占 50%。其次,根据实际选用的青贮和干草的水分含量,来调整它们的具体比例。依据所选青贮和干草的营养成分,计算出每公斤这种粗饲料组合所含的营养价值。最后,基于奶牛的维持营养需求,计算出所需的粗饲料总量,并分别确定青贮和干草的供给量。

(2)精饲料组合模式的确定方法:奶牛日粮一般以精饲料满足奶牛的产奶营养需要。精饲料组合模式的确定方法按以下两个步骤进行。[①]

①根据产奶量计划、奶料比计划及产 1kg 奶 NND、CP 的需要量计

---

① 杨卫国,李常福,闵向波.奶牛日粮的配合原则与方法[J].养殖技术顾问,2009(11):37.

算出 1kg 混合精料 NND 含量和 CP 含量。

　　1kg 混合精料 NND 含量 =（产 1kg 奶 NND 需要量 × 日产奶量）/（日产奶量 / 奶料比）

　　1kg 混合精料 CP 含量 =（产 1kg 奶 CP 需要量 × 日产奶量）/（日产奶量 / 奶料比）

　　②根据混合精料 NND 和 CP 含量及计划选用精饲料品种的 NND 和 CP 含量,确定各种精饲料品种在混合精料中所占比例。最后用矿物质和动物性饲料调整混合精料中的钙、磷含量,可用代数法进行计算。

　　（3）日粮配合试差法。

　　①依据奶牛的体重、日产奶量和乳脂率,参照奶牛饲养标准,精确计算出其日常所需的干物质、产奶净能、粗蛋白、钙和磷的总量,这包括维持生命所需和产奶所需的营养量。

　　②根据计划使用的饲料种类,查询饲养标准中的饲料成分与价值表,明确每种饲料的营养成分,包括干物质、产奶净能、粗蛋白、粗纤维以及钙和磷的含量。

　　③基于牛群通常的摄食量,首先安排干草、秸秆、青贮料及青绿饲料等多汁饲料的配比和每日喂养量。然后,计算出这些饲料所提供的营养成分,并与奶牛的总营养需求进行对比。若存在不足,需通过混合精料来补充。

　　④为满足奶牛剩余的营养需求,需根据混合精料的各项营养成分来确定其喂养量。混合精料的配方可根据产奶的营养需求预先设计,或根据实际营养缺口临时调整。该精料通常由玉米、麸皮、饼粕、动物性饲料(如鱼粉)以及矿物质饲料、维生素和微量元素添加剂、瘤胃缓冲剂组成。其配制顺序是先满足能量需求,再补充粗蛋白,最后调整钙和磷的含量。

　　⑤完成日粮配制后,需要对整体配方进行审核,确保所有营养成分均能满足奶牛维持生命和产奶的需求。同时,还需检查日粮中的粗纤维含量、精粗饲料的比例、草料与青贮的比例以及钙磷比是否符合日粮配制的标准原则。

3.3.3.3 日粮配制应注意的问题

日粮中应包含稳定的青贮玉米供应,且每天应保证奶牛能够摄取至少 3kg 的干草。同时,建议采用多种饲料搭配,优先选择优质的饲料。另外,日粮中的蛋白质和脂肪含量需要合理控制,以避免代谢疾病和乳蛋白率下降的问题。一般来说,粗饲料应占日粮的 45% ~ 60%,精饲料约占 35% ~ 50%,矿物质饲料应占 3% ~ 4%,维生素和微量元素添加剂应占 1%,且钙磷比应控制在 1.5 ~ 2.0:1。

3.3.3.4 全混合日粮

全价混合日粮(TMR)是根据奶牛的营养需求,使用专用的饲料搅拌机械,将粗饲料、精饲料和辅助饲料等按照合理的比例进行切割、混合,从而制作出营养均衡的日粮。为了确保 TMR 的质量,其水分含量应控制在 40% ~ 50%。

3.4 奶牛的饲养管理

3.4.1 奶牛饲养管理的一般要求

(1)饲养过程中需遵循行业准则,确保饲料新鲜、无霉变、无冰冻,避免使用劣质或受污染的饲料,同时要细心剔除其中的杂质。

(2)实施分群饲养策略,确保饲喂时间、地点和量的固定性,并注意少量多次地进行饲料添加。

(3)调整饲料时,需逐步过渡,避免突然更换引发奶牛应激。

(4)必须提供充足且清洁的饮用水,冬季应确保水温维持在 8 ~ 12℃或以上。

(5)在运动区域设置盐砖或盐槽,供奶牛自由舔舐,以满足其对矿物质的需求。

（6）牛舍的通风情况要良好,确保舍内温度和湿度适宜,冬季要注意保暖,夏季则要注意降温防暑。

（7）牛舍和运动场必须保持清洁、卫生、干燥,及时清理粪便并进行集中处理。

（8）重视牛只的身体护理,包括定期刷拭和每年至少一次的蹄部检查与修剪。

（9）鼓励牛群进行适量运动,以增强其体质和健康。

（10）结合奶牛的产奶量、食欲状况、产品加工需求、季节变化以及饲喂模式等因素,制定合理的饲养管理计划。

（11）对于后备母牛和干奶牛,每日应提供 2 ~ 3kg 的精饲料,而产奶的母牛则根据产奶量,每产出 2.5 ~ 3kg 奶便应增喂 1kg 精饲料;粗饲料则可由奶牛自由采食。

（12）挤奶过程需严格遵循操作规程,确保奶品的卫生质量和乳房健康。根据奶牛的产奶情况,每日挤奶 2 ~ 4 次。

3.4.2 犊牛的饲养管理

3.4.2.1 初生犊牛的护理

犊牛由母体产出后应立即做好如下工作。

（1）犊牛出生后,首先需清除其口、鼻中的黏液,确保其呼吸顺畅。

（2）若脐带未自然脱落,应在犊牛腹部约 8 ~ 10cm 处剪断并消毒。

（3）迅速擦干犊牛身上的湿毛,特别是在较冷的环境中,这点尤为重要。

（4）确保犊牛在出生后 1h 内喝到初乳,量约为 1.5 ~ 2kg。

3.4.2.2 犊牛的饲养

（1）犊牛的哺乳期与哺乳量。通常建议犊牛的哺乳期约为 2 个月,总哺乳量控制在 200 ~ 250kg。

（2）犊牛的哺乳方法。喂奶方式可选择桶喂或使用带乳头的奶瓶,奶温应维持在 38 ~ 40℃。每次喂奶都应慢慢进行,持续时间至少

1min,避免奶液过快进入瘤胃。

（3）犊牛的饲养方案。初乳喂养持续 4 ~ 7d,之后转为常规乳汁。同时,开始引入固体食物,并逐渐减少喂奶量,直至固体食物摄入量达到 1 ~ 1.5kg 时断奶。

3.4.2.3 犊牛的管理

（1）注意哺乳卫生。哺乳工具需严格消毒,每头犊牛应有专用的奶嘴和毛巾。

（2）注意犊牛栏的卫生。犊牛出生后应单独隔离,15d 后可转入集中管理区。保持牛栏的清洁与干燥,并确保足够的阳光和通风。

（3）注意犊牛的运动。鼓励犊牛进行户外活动,以促进其健康成长。根据季节,出生后 3 ~ 10d 即可开始户外活动。

（4）注意犊牛的刷拭。每日对犊牛进行 1 ~ 2 次的身体刷洗,这不仅有助于清洁,还能促进血液循环。

（5）注意犊牛的饲料与饮水。提供全面且高质量的饲料,并确保犊牛随时可以获得清洁的饮水。

（6）称重、编号、记录。记录犊牛的出生日期、体重、外貌等信息,以便日后管理和育种参考。

（7）预防疾病。注意预防疾病,特别是肺炎和腹泻,确保环境温度稳定,并注意哺乳和饲养的卫生条件。

3.4.3 后备母牛的饲养管理

3.4.3.1 育成母牛的饲养管理

育成母牛是指从 7 月龄到初配受胎这段时期的母牛。

（1）7 ~ 12 月龄母牛的饲养。7 ~ 12 月龄是母牛生理发育的关键时期,其生长速度达到顶峰。为确保其正常发育并最大化其未来的产奶能力,必须提供充足的饲料以满足其迅速生长的需求。虽然此阶段的母牛已能较好地消化粗饲料,但由于其瘤胃容量仍有限,因此仅依赖粗饲料并不足以支撑其快速生长。所以,在日粮中加入适量的精饲料是至关重要的。

精饲料的添加量应根据牛的体型和粗饲料的质量来调整,通常建议每日为每头牛提供 1.5 ~ 3.0kg 的精饲料。粗饲料的供给量应为其体重的 1.2% ~ 2.5%,优质干草是首选,也可以使用青绿饲料或青贮饲料作为部分干草的替代品,但替代的比例不应过高。

(2)13 月龄至初配受胎时期母牛的饲养。当母牛年龄达到 13 月龄至初次配种受孕时,其消化系统已经较为成熟。若能摄取到充足的优质粗饲料,其生长发育所需的营养基本上可以得到满足。若所提供的粗饲料品质不佳,需适量增加精饲料的供给。每头牛精饲料的每日给予量建议在 1 ~ 3kg,具体数量应依据粗饲料的品质来调整。

(3)育成母牛的管理。

①公牛和母牛应分开饲养,7 ~ 12 月龄的牛和 12 月龄至初次配种的牛也应分别进行饲养管理。

②当母牛达到 16 月龄,并且体重在 350 ~ 380kg 时,可以进行配种操作。

③由于此阶段的育成母牛会大量摄取粗饲料,因此必须确保为它们提供充足的饮水资源。

④鉴于育成母牛在此期间生长迅速,因此需要特别关注牛体的清洁,通过定期刷拭来及时清除皮垢,以促进其生长。这样做还能使牛的性格变得更为温顺,从而更便于管理。

⑤育成母牛的蹄质较为柔软,并且生长速度快,容易受到磨损。因此,建议从 10 月龄开始,每年在春季和秋季各进行一次修蹄。

⑥为了确保牛的健康发育和良好体型,应保证它们每天都能有一段时间进行户外运动。这将为延长牛的使用年限奠定坚实的基础。

3.4.3.2 青年母牛的饲养管理

青年母牛是指从初配受胎到分娩这段时期的牛。

(1)青年母牛的饲养。当母牛步入青年期,其生长速率会逐渐放缓。在怀孕的早期阶段,由于胎儿与母体子宫的绝对重量增加并不显著,因此在妊娠前半段的饲养策略可以与育成母牛相似,主要以青粗饲料为主,并根据实际情况适量增添精饲料。

随着妊娠进入第 6、7、8、9 个月,胎儿的发育速度会明显提升,对营养的需求也随之增加。为了确保胎儿的健康成长,并帮助母牛逐渐适应高精料的饮食,饲养水平应相应提升,增加精饲料的投喂量。这样做不仅满足了胎儿的生长需求,也为母牛产后哺乳时能够大量摄取精饲料做好了预先的准备工作。在此过程中,必须防止母牛过度肥胖,以避免难产的风险。

（2）青年母牛的管理。

①提高母牛的活动量,有助于预防难产问题。

②应避免使用驱赶方式让牛移动,同时预防牛只奔跑、跳跃、相互冲突或在湿滑路面上行走,以减少因外力导致的流产风险。

③严禁给母牛喂食霉变或变质的饲料,也不要给母牛饮用冷冻水,还要避免母牛长时间暴露在雨中。

④应增加为母牛梳刷身体的频率,以养成其温和驯服的性格。

⑤自妊娠的第 5 ~ 6 个月起,直至分娩前半个月,应每天使用温水为母牛清洁并按摩乳房一次,持续时间约为 3 ~ 5min。这样做有助于乳腺组织的发育,并为将来的挤奶工作奠定良好的基础。

⑥应准确计算预产期,并在产前两周将母牛转移至产房。

3.4.4 成年母牛的饲养管理

3.4.4.1 干奶期母牛的饲养管理

（1）干奶期的长度。干奶期的理想时长应在 50 ~ 70d,而 60d 则被视为一个平均的参考期。无论是过长还是过短的干奶期都不被推荐。确定干奶期的具体长短时,应考虑母牛的具体状况。例如,对于初次产奶的牛、年老的牛、产量高的牛或是身体状况较差的牛,可以适当将干奶期调整到 60 ~ 75d。相反,对于那些产奶量相对较低、身体状况良好的牛,干奶期可以在 45 ~ 60d。

（2）干奶前期的饲养。从干奶开始,到母牛的泌乳活动完全停止、乳房完全恢复正常,这段时间被定义为干奶前期。在这一阶段,主要饲养目标是尽快使母牛退出泌乳状态,并让乳房恢复正常形态。在饲养策略上,遵循的原则是,在满足母牛基础营养需求的前提下,避免使用青绿多汁的饲料和各类辅料(如啤酒糟、豆腐渣等),主要使用粗饲料,并辅以一定量的精饲料。

（3）干奶后期的饲养。干奶后期指的是从母牛完全停止泌乳活动、乳房恢复正常开始，一直到分娩的这段时间。饲养的重点在于让母牛适当地增加体重，以确保其在分娩前达到中等的体况。在日常饲料搭配上，仍然以粗饲料为主，但同时会辅以一定量的精饲料。精饲料的给予量会根据母牛的体况来进行调整，体况较瘦的母牛会多一些，而体况较胖的则会相应减少。通常，在分娩前的 6 周，会开始逐步增加精饲料的量。对于体况较差的牛，要提前开始增加；而对于体况较好的牛，则可能会稍晚一些。每周应根据母牛的体况和食欲，酌情为每头牛增加 0.5 ~ 1.0kg 的精饲料。这样做的目的是使母牛的日增重保持在 0.5 ~ 0.6kg，以确保在整个干奶期间，母牛的总体重能增加 30 ~ 36kg。

（4）干奶期的管理。

①鼓励户外活动，这不仅能有效预防蹄部疾病和难产问题，还能促进体内维生素 D 的生成，进而减少产后瘫痪的风险。

②应避免过于剧烈地运动，以减少因外力导致的流产可能性。

③在冬季，应确保饮用的水温保持在 10℃或以上，避免让牛饮用冰冻的水，同时不喂食任何腐败、发霉或变质的饲料，以预防流产的发生。

④由于母牛在妊娠期间皮肤代谢会加快，容易产生皮垢，因此需要加强对其身体的刷拭，以促进血液循环。

⑤保持干奶牛舍及其运动场的清洁与卫生至关重要，有助于预防乳房炎的发生。

3.4.4.2 围产期的饲养管理

围产期是奶牛生产周期中的一个关键阶段，通常指的是奶牛临产前 15d 至产后 15d 的时期。

（1）围产前期的饲养管理。在预产期前的 15d，应将母牛转移至产房，并进行细致的产前检查。需要密切观察任何即将分娩的迹象，以确保作好接生的准备。

在分娩前的 2 ~ 3d，应在饲料中适量混入麦麸，以增强饲料的轻泻效果，从而预防便秘的发生。

在日常饲料中，应适当增添维生素 A、D、E 以及必需的微量元素，以保证母牛的营养需求。

母牛在分娩前的一周左右,乳房可能会出现肿胀和水肿。若症状较为严重,应适量减少糟粕类饲料的供应。

(2)围产后期的饲养管理。围产后期是指母牛产后 15d 这段时间。

刚分娩后的母牛,应首先喂食温热的麸皮盐水混合物(包含 1 ~ 2kg 的麸皮、0.1 ~ 0.15kg 的食盐、0.05 ~ 0.10kg 的碳酸钙以及 15 ~ 20kg 的水),同时提供高质量的干草供其自由采食。

分娩后的第 1d,继续按照产前的饮食计划进行喂养。从第 2d 开始,可以根据母牛的健康状况和食欲,每天增加 0.5 ~ 1kg 的精饲料,同时确保饲料的口感适宜。此外,需要控制青贮和块根类饲料的摄入量。

分娩后,应立即帮助母牛挤出初乳来喂养犊牛。在第 1d,只需挤出足够犊牛食用的奶量。到了第 2d,挤出乳房内 1/3 的奶量,第 3d 挤出 1/2,从第 4d 开始可以完全挤空。在每次挤奶之前,应对乳房进行热敷和轻柔的按摩。

要特别注意母牛外阴部的清洁和消毒以及保持整体环境的干燥和卫生,以预防产后感染的发生。

加强对分娩后母牛的监护,特别是要关注胎衣的排出情况及其完整性,以便进行及时处理。

在夏季,要注意产房的通风和降温;而在冬季,则需要注意产房的保暖和空气流通。

3.4.4.3 泌乳早期的饲养

(1)产后首日维持产前饮食,自第 2d 始,根据产奶量的增长,为每头牛每日逐步增添 0.5 ~ 1.0kg 的精饲料,直至产奶量稳定。应确保牛只能自由采食优质干草,尤其在运动场中。需控制青贮料的水分,避免过量,否则应减少其摄入量。干草摄入不足可能会导致瘤胃酸中毒并影响乳脂含量。

(2)为提高饲料能量,应增加精饲料的比例,甚至在必要时,可在精料中混入保护性脂肪。日粮中的精料与粗料比例可调整至 50∶50 ~ 60∶40。

(3)为防止因高精料日粮引发的瘤胃 pH 值降低,建议在饲料中适当加入碳酸氢钠和氧化镁以中和胃酸。

（4）建议将每日的饲喂次数从通常的 3 次提升至 5 ~ 6 次，以提高牛的消化效率。

（5）在配制日粮时，应提高非降解蛋白的比例，以满足牛的营养需求和促进健康。

3.4.4.4 泌乳中期的饲养

母牛的泌乳中期，也被称为泌乳稳定期，此时母牛的奶产量已经过了高峰期并开始逐渐回落，但它们的食欲却仍然保持增长。在这个阶段，母牛摄取的营养与它们通过乳汁排出的营养大致相当，因此体重维持在一个相对稳定的水平，不再继续减轻。在饲养策略上，可以保持或者略微减少泌乳初期的干物质摄入量。调整摄入的营养量，可以通过降低饲料的精细与粗糙比例以及减少日粮的能量密度来实现。具体来说，日粮中的精细与粗糙比例可以调整至 45 : 55，或者更低。

3.4.4.5 泌乳后期的饲养

在泌乳后期，母牛的奶产量会继续在泌乳中期的基础上迅速下滑，同时它们的食欲在达到顶峰后也开始下降。此时，母牛摄取的营养超出了乳汁中分泌的营养，形成了正代谢平衡，导致体重上升。此阶段的饲养重点除了努力减缓奶产量的快速下滑外，还要确保胎儿的正常发育，并为下一个泌乳初期储备一定的营养物质，但要避免母牛过度肥胖。此外，需按计划进行干奶。理想的总体重增加约为 98kg，即平均每天增重约 0.635kg。在饲养方法上，可以进一步调整日粮中精细饲料与粗糙饲料的比例，将其控制在 30 : 70 ~ 40 : 60。

3.4.4.6 泌乳母牛的管理

（1）在母牛生产后，应特别关注其子宫的恢复状况，一旦发现感染或炎症，应立即进行治疗，以避免对母牛产后的发情和受孕能力造成不良影响。

（2）母牛在生产两个月后，如果出现正常的发情行为，即可进行配种。因此，需要仔细观察母牛的发情状况，一旦发现发情异常，应及时采取措施。

（3）在母牛的泌乳初期，需要密切关注其对饲料的消化状况。由于此时母牛会摄取较多的精细饲料，因此容易发生消化和代谢相关的疾病。尤其需要警惕瘤胃弛缓、酸中毒、酮症、乳腺炎以及产后瘫痪等健康问题。

（4）应鼓励母牛进行户外活动，并定期为其刷拭身体。同时，应为母牛提供一个舒适的生活环境，冬季要注意保暖，夏季则要注意防暑和防蚊虫叮咬。

（5）必须确保为母牛提供充足且清洁的饮用水。

（6）在母牛怀孕的后期，应特别注意保护胎儿，以防止流产的发生。

3.5　挤奶技术

3.5.1 挤奶概述

机械挤奶的流程中，奶牛、挤奶设备以及操作人员的协同工作对产奶的量和质都有深远影响。在挤奶的全过程中，从设备到人员，再到奶牛及其所在环境，都必须执行严格的卫生和消毒规范。

3.5.1.1 挤奶前的准备

挤奶操作人员需保持个人卫生，定期修剪指甲，并在工作前使用香皂仔细清洁双手，确保双臂的清洁。挤奶装置需预先使用清水冲洗 4 ~ 5min，并核查真空压力和脉动频率是否稳定。同时，要检查奶牛的身体卫生，对奶牛的乳房进行快速的冲洗和消毒，整个过程应控制在 25s 内。

3.5.1.2 挤奶

（1）初步乳质检查。在连接挤奶器之前，先手工挤出 1～2 份乳汁，对其质量进行初步检查。若乳汁正常，则进行消毒处理，等待约 30s 后开始挤奶。若有异常，则采取相应的处理措施。

（2）接挤奶器。开启气阀，正确区分并连接前后乳叶的挤奶器。在取下挤奶器前，需要先关闭气阀。

（3）挤奶过程中的注意事项。在挤奶过程中，要确保挤奶器放置在适当的位置，并避免过度挤压，以防乳房过度疲劳，影响乳汁的排出速度。

（4）乳头消毒。取下挤奶器后，应立即使用 1.5% 的碘液对乳头进行消毒，以防止感染。

（5）停乳处理。对于计划停乳的奶牛，在最后一次挤奶后，应及时注入停乳药物。

3.5.1.3 挤奶后

每次挤奶结束后，必须对挤奶区域进行全面的清洁和消毒，同时挤奶设备也需要及时且彻底地清洗和消毒。

3.5.2 影响原料奶质量的因素

影响原料奶质量的关键点主要有如下几个。

（1）奶衬。奶杯内套的清洁程度和完整性对鲜奶的质量有着直接影响。如果奶杯内套不洁净或存在破损，鲜奶在流经时可能会被附着的污垢所污染。因此，要定期检查奶杯内套是否有污渍、破损、形变，并确保所有奶杯内套状态一致、同时更换，以维护鲜奶的品质。

（2）真空压水平。挤奶设备的真空压力对挤奶效率和鲜奶质量均有所影响。真空压力需要控制在适宜且稳定的范围内，过高或过低的真空压力都可能导致乳腺炎，进而降低鲜奶的质量。

（3）滤膜。过滤网能够有效滤除鲜奶中的部分杂质，确保鲜奶的纯净度。为了保障过滤效果，每次挤奶后都应更换新的过滤网。

（4）脉动器与脉动管。脉动器的稳定性对乳房健康至关重要，不稳定的脉动可能会对乳房造成伤害，增加乳腺炎的风险，从而影响鲜奶质量。同时，脉动管上的裂痕会干扰刺激乳房排乳，导致排乳不净，进而增加乳腺炎的患病概率。

（5）挤奶设备清洗。挤奶设备的清洁过程包括初步冲洗、碱性清洗、水冲洗、酸性清洗和最后冲洗。在清洁过程中，需要注意以下几点。

酸碱使用：在清洁挤奶设备时，应严格按照使用说明调配酸碱的浓度和用量。若每日挤奶两次，则进行两次碱性清洗和一次酸性清洗；若每日挤奶三次，则进行三次碱性清洗和一次酸性清洗。

水温控制：清洁过程中，水温应适中，以满足各阶段对水温的特定要求。

（6）挤奶设备清洗后的洁净度。为确保奶源质量，每次清洁后，挤奶设备的各个部分都应达到特定的卫生标准。如果奶杯内套、内部衬垫或集乳器内部存在奶渍或异味，则说明挤奶设备的清洁效果不佳；反之，则表明清洁效果符合要求。

3.6 奶牛粪污处理技术

3.6.1 奶牛粪作为卧床垫料技术

3.6.1.1 卧床对奶牛生产性能的影响

奶牛床是奶牛休息与反刍的重要场所。据统计，奶牛约有 50% ~ 60% 的时间，即每日约 12 ~ 13h，是在牛床上度过的。若奶牛床的环境欠佳，奶牛的休息时间可能会大幅减少，影响奶牛的正常休息。当奶牛处于躺卧状态时，其乳腺的血流量会提升 20% ~ 25%，有利于提高营养的吸收效率和产奶量。奶牛床是环境性病原菌的滋生地。奶牛床的环境质量直接关系到奶牛的健康状况，如乳腺炎和趾蹄病等常见疾病的发生就与环境密切相关。研究发现，奶牛床上的细菌繁殖情况会直接影响到奶牛乳头接触到的病原菌种类和数量。这些病原菌有可能从奶牛床转移到乳头上,增加乳头感染的风险。乳腺炎等疾病不仅会影响奶牛的健康和生产性能,更可能对人类饮用的牛奶安全构成严重威胁。

3.6.1.2 奶牛粪卧床优势

随着畜牧业的蓬勃发展,畜禽粪便的产生量也在急剧增长。其中,牛粪作为卧床垫料的使用已成为一种趋势。相较于橡胶板和沙子,牛粪作为卧床垫料具有其独特的优势。本节通过对比不同季节下各种垫料对奶牛产奶、蹄部健康、产科疾病以及细菌生长等方面的影响,并结合奶牛的偏好选择,揭示奶牛粪作为卧床垫料的几大优点。

(1)提供舒适环境。奶牛倾向于在柔软且舒适的垫料上休息。相较于质地较硬且不易平整的沙土,牛粪垫料因其柔软性和吸水性而更受奶牛欢迎。研究显示,在牛粪垫料和橡胶垫料上,奶牛的躺卧时间、频率和床位占用率相近,且明显高于沙土垫料。特别在夏季,由于牛粪垫料的吸水性和保水性,使得卧床保持相对凉爽,因此当环境温度在22 ~ 35℃时,奶牛更愿意选择在干燥的牛粪垫料进行休息。

(2)提升生产效益。对比不同垫料环境下奶牛的年产奶量,发现牛粪垫料和橡胶垫料上的奶牛年产奶量相当,且均比沙土垫料上的奶牛高出约4kg。同时,牛粪垫料和橡胶垫料上的奶牛乳脂率和乳蛋白率也相近,均高于沙土垫料。这表明,与沙土相比,干燥牛粪和橡胶垫料更有助于提高奶牛的产奶量。

(3)环保且经济。随着奶牛养殖规模的扩大,粪便的处理成为一大挑战。将牛粪收集并作为卧床垫料使用,不仅有助于节能减排,还能为奶牛场带来经济效益。与橡胶垫料和沙土垫料相比,牛粪垫料成本更低,有利于资源利用和环境保护。

3.6.1.3 奶牛粪卧床垫料制作工艺

奶牛粪卧床垫料制作工艺流程如图3-1所示。

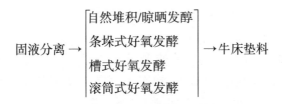

图 3-1　奶牛粪卧床垫料制作工艺流程

（1）固液分离。要降低牛粪的含水率，首先需要进行固液分离。牛舍内的粪污经收集到集污池后，通过固液分离机将固体和液体分开。

（2）好氧发酵。

①自然堆积/晾晒式发酵。将奶牛粪自然堆积，通过好氧菌进行发酵。这种方法的原理与条垛式好氧发酵相似，但所需时间较长，大约需要 6 周。经过自然发酵和晾晒后的牛粪，含水率降至 50% 以下，便可作为卧床垫料。此种方式更适用于小规模的奶牛场。

②条垛式好氧发酵。将固液分离后的牛粪堆积成条垛状，通过人工或机械定期翻堆以提供氧气，或者在垛底设置通风管，使用鼓风机强制通风。经过 10 ~ 12d 的有氧发酵和后续的晾晒风干，使牛粪的含水率降至 50% 以下，便可作为卧床垫料。此方法适合中大规模的奶牛场。

③槽式好氧发酵。将固液分离后的牛粪放入配备有机械翻堆设备的发酵槽内进行发酵。通过翻搅物料，使其均匀发酵并蒸发水分。一般经过 20 ~ 30d 的发酵后，物料即可腐熟。

④滚筒式好氧发酵。该系统使用水平滚筒进行混合和通风，通过持续旋转加速牛粪与氧气的接触和混合，从而加快发酵过程。滚筒内的温度可达 65 ~ 70℃，持续 5 ~ 6d，能有效杀灭杂草种子和病原体。之后经过晾晒降低含水率，便可作为卧床垫料。此方式更适用于中小规模的奶牛场。

3.6.1.4 奶牛粪卧床消毒管理技术规范

（1）牛粪卧床消毒周期。为了减少奶牛因环境问题导致的乳腺炎风险，对牛粪垫料的日常消毒工作至关重要。根据环境温度的不同，消毒频次也应相应调整：当环境温度在 22 ~ 35℃时，建议的牛粪垫料翻整和消毒周期为 3d；环境温度在 10 ~ 22℃时，适宜的周期为 5d；而

在 −15 ~ 10℃时,周期可延长至 6d。在这些周期内,无需进行额外的消毒。

（2）牛粪卧床日常垫料的补充。牛粪垫料通常铺设厚度为 30 ~ 40cm。由于奶牛的活动,垫料上可能会积累粪尿,导致床面不平整和垫料损失。因此,必须定期清理粪尿、整理床面并及时补充垫料,以确保垫料的清洁、平整和舒适度。

（3）牛粪卧床日常管理规范。为了确保牛粪垫料的质量,奶牛场应遵循以下管理规范:首先,牛粪经过固液分离后必须进行充分地发酵、消毒和晾干。其次,垫料的铺设厚度应维持在 30 ~ 40cm。每天需要两次清除垫料和通道上的粪尿,并保持床面的平整。根据季节的不同,翻整和消毒的频次也有所调整:春秋季节每 5d 进行一次,夏季每 3 天一次,而冬季则每 6d 进行一次。

3.6.1.5 奶牛粪作为卧床垫料存在的问题及建议

在环境温度处于 −15 ~ 10℃的范围内时,牛粪卧床的湿度较大且温度偏低,这时奶牛更倾向于在橡胶垫卧床上休息,因其提供的温暖环境更适宜。从健康角度来看,牛粪垫料面临的挑战主要在于其难以避雨储存,尤其在阴雨天气下难以干燥,这为细菌繁殖提供了有利条件,进而可能引发奶牛的乳腺炎。在对比不同垫料对奶牛健康的影响时发现,橡胶垫在减少肢蹄损伤、降低乳腺炎(包括临床型和隐性)以及产后感染的发病率方面表现显著优于牛粪垫料和沙土垫料。因此,从疾病防控的角度出发,橡胶垫料无疑是更佳的选择。但这并不意味着可以忽视牛粪垫料的管理,尤其是其消毒工作。

牛粪垫料的管理,需要注意以下几点:首先,要及时清理牛舍内新鲜的牛粪,以减少对垫料的污染;其次,应将牛粪垫料的水分控制在 50% 左右,以保证其适宜的湿度;再次,建议每周更换一次牛床垫料,以保持其清洁度;最后,在有条件的奶牛场,应延长牛粪垫料的好氧发酵时间,从而最大限度地确保其使用的安全性。

3.6.2 奶牛粪生产双孢菇技术

3.6.2.1 奶牛粪生产双孢菇需要解决的问题

双孢菇,一种腐生真菌,常在分解的有机物上生长,它常被大家称为草腐菌或草生菌。不过,本质上,它更倾向于在畜禽粪便,特别是牛粪这类肥料上生长。这种蘑菇不仅营养价值高,而且经济价值也相当可观。事实上,畜禽粪便,特别是其质量和含量,对双孢菇的产量有着决定性的影响。目前,已经有不少报道和研究探讨了如何使用畜禽粪便来培育双孢菇,其中牛粪作为培养基的原料备受关注。在生产双孢菇的过程中,牛粪占据了培养基的近半数比例,每产出 1kg 双孢菇就需消耗大约 0.5kg 的牛粪。

目前双孢菇生产主要使用的是肉牛粪和草原牛粪,奶牛粪的使用相对较少。但实际上,奶牛粪的产量大,有巨大的潜力可以被挖掘用于双孢菇的大规模生产。要有效利用奶牛粪生产双孢菇,需要解决几个问题:奶牛粪的水分含量高,难以干燥,需要找到一种低成本且高效的干燥方法;奶牛粪的纯度要求高,土壤含量不能超标,否则会影响双孢菇的生长;奶牛粪在配制培养基前不能出现不良发酵,否则会改变其化学成分和菌群结构,影响其引导其他培养基成分发酵的能力;由于奶牛粪的营养成分与肉牛粪和草原牛粪有所不同,因此需要研究适合的培养基配方;还需要探索如何提高奶牛粪的利用率以及奶牛场中牛粪的有效贮存方式。

3.6.2.2 奶牛粪制备双孢菇培养料技术方法

(1)原料要求。

①奶牛粪。

奶牛粪的自然风干法:在奶牛场外的 100 ~ 200m 处,构建一个专门用于晾晒奶牛粪便的场所。这个晾晒场可以采用水泥铺设或者经过夯实处理的地面,其周围挖掘有一条深度大约 0.2m,宽度在 1.5 ~ 2m 的沟槽,沟槽的长度则根据奶牛场的规模来确定。可以将手工收集的奶牛粪便均匀地铺在晾晒场上,堆叠的高度控制在 5 ~ 10cm。每隔一周时间,要手动翻动这些粪便以促进其均匀干燥。通过这种方式,奶牛粪便可以自然风干至含水量低于 30%。

奶牛粪的干湿分离处理:利用专用的干湿分离机,将奶牛粪便有效地分为液体污水和固体牛粪两部分。其中,分离出的污水被引入污水池中,并通过多级沉淀过程进行处理。经过这样的处理,污水可以被循环利用,如用于奶牛场内粪便的冲洗等。而另一方面,分离出的固体奶牛粪便则被放置在晾晒场上,通过自然风干的方式,将其含水量降低到 30% 以下。

②杏鲍菇废料。杏鲍菇残余物需存放在凉爽、通风并避开雨水的地方。在处理时,采用特定的粉碎机对料袋进行脱粒和粉碎,同时要去除残余物的外包装。

③稻草。稻谷收割完毕后,应让稻草自然风干,之后进行收集并堆叠,注意防雨以确保其干燥。

④玉米秸秆。在收集完玉米秸秆后,应让其自然晾干并妥善存储。当准备建堆时,需将玉米秸秆切割或撕成 10 ~ 15cm 长的段。

⑤玉米芯。玉米脱粒后,应让玉米芯自然风干以防发霉。在建堆时,需将玉米芯进行破碎和压平处理。

上述所有用于食用菌栽培的主要和辅助基质材料,都必须保持新鲜、清洁、干燥,并确保无虫害和无霉变。

(2)培养料配方(每 $100m^2$ 用料)。以下是三种利用奶牛粪生产双孢菇的培养料配方,供农户根据当地的实际情况选择,以降低成本并提高生产率。

配方一:利用杏鲍菇残余物 5000kg、经过自然风干的奶牛粪便 1200kg、过磷酸钙 50kg、碳酸钙 50kg,如果条件允许,可以额外添加腌制盐 50kg。

配方二:需要玉米秸秆 2000kg、玉米芯 1000kg、经过干湿分离的奶牛粪便 750kg、石灰 50kg、石膏 50kg、过磷酸钙 50kg 以及尿素 15kg。

配方三:采用稻草 2000kg、干湿分离的奶牛粪便 1500kg、石灰 50kg、石膏 50kg、过磷酸钙 50kg 以及尿素 30kg。

(3)培养料发酵。

①选择场地。为了进行培养料的发酵,需要选取一个宽敞且方便排水的场地,最好是靠近菇棚的水泥地或经过夯实的地面。

②菇棚的构建。为了生产双孢菇,需要搭建一个温棚,其结构可以采用热镀锌管和钢筋焊接而成。温棚的尺寸可以设定为长45m,宽12m,高4.6m。温棚的顶部和四周用薄膜覆盖,再加上保温被以保持温度。每个温棚都设有一个小门方便进出。在温棚内部,可以搭建6层的竹制栽培架,每层架子的尺寸为长10.7m,宽1.2m,高50cm,并按南北方向排列。

③堆料设置。在发酵前,需要对干粪进行预湿处理,然后建立一个底宽在200~350cm,高150~200cm的堆料。在堆底可以使用砖块或竹竿以增强透气性。首先在底层铺上30cm的杏鲍菇废料或秸秆,然后覆盖5cm厚的奶牛粪便,接着再铺15cm的杏鲍菇废料或秸秆,并再次覆盖奶牛粪便。重复此过程,直到堆料达到所需高度。完成三层铺设后要浇透水。

④翻堆与发酵。当堆料的温度上升到65~70℃时,等待2~3d后进行第一次翻堆。当料温达到75℃以上并维持2d后进行第二次翻堆,并在此时加入其他辅料。当料温再次达到70℃并维持2d后,进行第三次翻堆。在这次翻堆中使用石灰调整酸碱度,使pH值达到7.5~8,并确保水分含量达到65%。此时,堆料的颜色应为深褐色,手握时应有弹性。

⑤二次发酵。将原料放上架子后使用锅炉加温法进行二次发酵。当料温达到60~65℃时,保持这个温度范围4~8d。在持温阶段,确保温度在48~56℃之间维持超过72h。同时,每隔5h通风一次,每次通风时间为0.5h。最后,让堆料焖3d,直到检查时发现料有弹性且不黏手为止。

(4)栽培技术。

①适宜的栽培时期。考虑到双孢菇是一种中、低温型菌类,推荐在当年6月开始进行原料的发酵工作,7月进行播种,8月上旬进行覆土操作。这样,双孢菇可以在8月底至9月初开始产出,并持续到10月底。此外,次年的5月前后还可以继续收获双孢菇,整个过程大约在次年6月底结束。另一种选择是在当年3月份进行原料发酵,4月份播种,5月份覆土并开始产出双孢菇,收获季节会持续到当年10月份。

②菌种的选择。在挑选菌种时应确保其符合NY/T528—2010《食用菌菌种生产技术规程》的标准。

（5）生产过程及管理。

双孢菇栽培工艺为备料—堆制—混合—发酵—上架—二次发酵—播种—覆土—出菇—采收。培养料堆制发酵、备土、播种、覆土、出菇管理、采收、包装、运输及贮存应符合 DB13/T1087—2009《北方无公害双孢菇规模化生产技术规程》。

播种：每平方米用 500mL/瓶菌种 1.5 瓶，第一次播种 2/3，轻刮料面，再撒剩余的菌种，喷淋保湿，20 ~ 24℃定植，吃料，5d 后每天通风。

菌丝生长管理：播种后关闭棚门窗，保温保湿，温度控制在 20 ~ 25℃，相对湿度控制在 70% 左右发菌 4d。当菌丝生长到料面面积的 85% 以上时将门打开 1/3，通风换气，促进菌丝向料内生长。料面菌丝达到 95% 时，门窗打开，加大通风，促使料面干燥，迫使菌丝向料内生长，减少杂菌的污染。当菌丝生长到料层厚度 1/2 时，用竹签打孔，自料面打到料底，每 15cm 打 1 签，改善料内的通气状况，排出废气，进入新鲜空气，促使菌丝向深层生长。

覆土：在菌丝完全吃料后，应进行撬料透气并覆上 3 ~ 4cm 的土，然后刮平并喷水。覆土后的 15d 内，温度应控制在 14 ~ 18℃。当床面出现如白色米粒般的原基并且大部分发育到黄豆大小时应喷洒一次出菇水，用量为 2.5kg/m²。形成菇蕾后，每天应开窗通风，保持空气相对湿度在 80% ~ 90%，并将温度控制在 15 ~ 20℃。在菌盖充分长大但尚未开伞时及时进行采收，并清除残留的菇柄。每潮采收后应停水 2d 进行清床并少量补土，然后调整湿度并喷洒转潮水。

出菇：覆土后 15d，温度控制在 14 ~ 18℃，当床面如白色米粒样原基普遍形成，待大部分发育到黄豆大小时，喷 1 次用量为 2.5kg/m² 的出菇水。形成菇蕾后，每天开窗通风，保持空气相对湿度 80% ~ 90%，温度在 15 ~ 20℃，菌盖充分长大而未开伞时采收，及时把残留的菇柄清除。每潮采收后，停水 2d 进行清床并少量补土，然后调湿，喷转潮水。

病虫害防治：病虫害防治应符合《北方无公害双孢菇规模化生产技术规程》和《农产品质量安全 双孢菇栽培技术规程》要求。

培养料废料处理：废料发酵处理后成为生物肥料。

双孢菇的种植流程涵盖备料、堆制、混合、发酵、上架、二次发酵、播种、覆土、出菇、采收等多个环节。在整个栽培过程中，需严格遵守 DB13/T1087—2009《北方无公害双孢菇规模化生产技术规程》的标准。

3.6.3 种养结合粪污处理技术——奶牛粪生产有机肥技术

3.6.3.1 奶牛粪生产生物有机肥工艺流程

牛粪生产生物有机肥工艺流程如下：

牛粪收集—固液分离 $\xrightarrow[\text{发酵菌种}]{\text{添加辅料}}$ 物料混合—初次发酵—二次发酵—粉碎调配—圆盘造粒—筛分包膜—包装入库。

（1）牛粪的集中收集。依据奶牛场的布局和设施，通过各种方式如管道、沟渠或专用机械，将牛舍、活动场地及挤奶大厅产生的牛粪集中收集到储粪池中。利用储粪池装备的混合搅拌装置和输送泵将其粉碎，在确保大块的牛粪和混杂的纤维被充分破碎的同时防止这些物质堵塞输送泵。此外，搅拌装置和输送泵协同工作，通过推动储粪池中的液态牛粪进行圆周运动，将沙石等杂质集中到池子的中心，从而确保设备的安全运行。

（2）固液分离过程。利用专门的输送泵将储粪池中的牛粪混合物输送到分离机中。在这里，通过筛网中的螺旋压榨装置，将牛粪进行脱水处理，固态部分从出口分离，而液态部分则通过筛网过滤出来。这种分离机可以通过调整机器头部和筛网来控制牛粪的含水量。经过这一步，固态牛粪可以直接用于生产有机肥，而液态部分经过进一步处理、储存后可用于灌溉或冲洗等，这样不仅消除了臭味，还解决了盐类物质可能污染地下水的问题。

（3）物料的混合准备。使用铲车将经过脱水的牛粪在硬化地面上摊开。如果其水分含量超过60%，需要先晾晒至55%左右。接着，通过添加石灰粉将pH调整到7.5左右。然后，按照70%的牛粪和30%的辅助材料的比例，加入发酵菌种和其他辅助材料。这些辅助材料通常可以是各种秸秆粉，如玉米秸秆、地瓜藤等。这些秸秆粉的特点是体积小、空隙大，能有效地吸附牛粪，有助于有氧发酵和除臭。

（4）初次发酵。该过程采用连续加料、连续出料的半封闭式发酵槽，并利用翻混机进行好氧发酵。翻混机的刀片会不断翻搅物料，以增加氧气促进发酵和水分蒸发。同时，切割结块物料和较长的秸秆，利用离心力将物料向出口方向抛送。发酵温度在 24h 内达到 50℃,72h 后达到 70℃,并保持这个温度范围 15 ~ 20d。经过 20 ~ 25d 的发酵,物料会充分腐熟,然后通过翻混机移送至出口。翻混机每天工作 1 ~ 2 次,工作速度一般设定为 50cm/min,一台翻混机可以在 8h 内完成 4 条发酵槽的翻混作业。

（5）二次发酵。将完成初次发酵的物料与二次发酵菌种混合后,在硬化地面上堆成梯形条堆。这个过程需要 21 ~ 28d,每 7d 可以用翻混机或人工进行翻堆。当物料颜色从黄褐色变为黑褐色,温度降至 25℃左右,结构疏松,稍有氨味且内部有白色菌丝时,说明二次发酵完成。此时,物料的水分含量应低于 45%,如果水分过高,需要摊开晾晒。

（6）粉碎与调配。使用专用的粉碎机对完成二次发酵的物料进行粉碎,细度要达到 20 ~ 30 目。然后,根据有机肥的氮、磷、钾含量标准（不得低于 5%）和发酵后物料中的实际含量,核算需要添加的无机肥料的数量。

（7）圆盘造粒过程。将粉碎并调配好的物料输送到圆盘造粒机中,并适量淋水。造粒机的基本原理是利用圆盘的旋转产生摩擦力和离心力,使物料相互摩擦、挤压成团,然后抛离出机器。接着,物料被输送到热风旋转烘干机中,在低于 40℃ 的低温热风下烘干至水分含量小于 30%。

（8）筛分与包膜。使用滚筒式筛分机对造粒后的物料进行筛分,先分离成品与需要返工的物料,再对成品进行等级分离。然后,通过包膜机进行包膜处理,以提升观感和防止结块。

（9）包装入库。最后一步是使用连续自动计量封口包装机进行包装,并将成品存放在防雨、防潮、通风且避光的库房以便装卸。

3.6.3.2 奶牛粪有机肥质量标准

奶牛粪有机肥质量标准应符合有机肥料相关标准的规定。有机质质量分数（以烘干基计）≥ 45%；总养分（氮＋五氧化二磷＋氧化钾）质量分数（以烘干基计）≥ 50%；水分（鲜样）质量分数 ≤ 30%；酸碱度（pH）5.5 ~ 8.5。重金属限量指标（单位：mg/kg）：总砷（以烘干基计）≤ 15；总汞（以烘干基计）≤ 2；总铬（以烘干基计）≤ 150；总镉（以烘干基计）≤ 3。蛔虫卵死亡率和大肠杆菌群数指标,应符合 NY884—

2012《生物有机肥》标准。[①]

3.6.4 奶牛场粪污综合处理与循环利用技术应用

3.6.4.1 奶牛场粪污综合处理原则

奶牛场废弃物综合管理的核心准则包括以下几点。

（1）废弃物处理的自动化降低人力负担，并提升操作效率。

（2）废弃物处理的减量化通过强化雨水与污水的分流、固体与液体的分离以及采用干式清洁工艺来减少废弃物，提高资源利用率；通过改进饲料的加工方式或增添蛋白酶来提升动物的消化能力；减少粪便和尿液的排放量以及氮、磷等物质的产生。

（3）经适当处理后，废弃物可以转化为肥料、牛舍的垫层材料、饲料、燃料等。

（4）废弃物处理的非有害化采用物理、化学、生物等多种处理方法，特别强调消毒、灭菌和腐熟等关键步骤。

（5）废弃物处理的生态化将畜牧业与种植业的紧密结合，形成良性的生态循环，并推动可持续的农业发展。

3.6.4.2 奶牛场粪污综合处理及循环利用工艺流程

奶牛场粪污处理及循环利用工艺流程可参考图 3-2。在处理粪污的后续区域与生产区域之间设置一段宽 50m 的绿化隔离区域。

[①] 李志才，胡会昌．奶牛场牛粪规模化生产有机肥实用技术 [J]. 中国乳业，2014（1）：44-45.

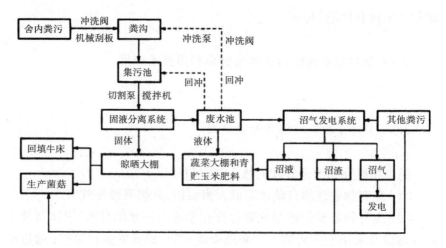

图 3-2　奶牛场粪污处理及循环利用工艺流程

粪污综合处理区域涵盖了多个重要部分,其中包括收集池、固液分离装置、调节容器、沼气反应设备和气体储存柜、沼气脱硫装置、沼气发电设备、沼气供热锅炉、沼气液体储存池、污水处理设备、曝气装置、沉淀容器、清洁水池以及沼气液体有机肥料的制造车间。这一系列设施共同构成了一个完善的粪污处理和资源回收系统。

（1）粪污收集。

①在牛栏至挤奶区之间的通道上,每日都会清理掉落的废弃物,将其移至邻近的活动区域一隅。活动区及犊牛栏的废弃物,会依据实际情况,每 6 个月或每季度使用装载机进行一次大清理。

②在牛栏内的自由采食区和休息区后的通道,都配备了自动清理系统,该系统设定为每 4h 自动清理一次（具体时间间隔可根据农场的实际需求进行调整）。这套系统会自动将废弃物收集到地下的排污管中,同时也会处理挤奶区清理出的残留废弃物。

③地下排污管呈现南北布局,并设计了一定的倾斜度。在高点安装了一个自动冲水系统,当启动时,它能有效的将管道内的废弃物冲入集中处理池中。冲水系统的水源直接来自处理池内部。

④集中处理池的大小根据农场的实际需求来确定,其结构可以采用整体混凝土浇筑,上方加设采光带以增强冬季的保温效果。

（2）沼气发电系统。

①沼气的产生与电力生成。

集中处理池中的废弃物会被添加到调节池中,在达到适当的浓度后会被泵入沼气反应器中。

沼气反应器顶部连接有储气设备,所产生的沼气经过脱硫处理后,会被引入发电机中产生电力。这些电力不仅满足了废弃物处理区域其他设备的电力需求,还可以为农场的冬季供暖、餐饮等其他电力设备提供能源。

沼气生产过程中产生的残余物可以用于农田施肥、种植蘑菇等,而产生的沼液则可以用于农田灌溉或直接回流到沼液池中。

②沼液的处理。

未能完全消耗的沼液需要经过特殊处理,以确保其达到排放标准。首先,通过污水泵将沼液抽入离心机,同时加入适量的聚丙烯酰胺和聚合氯化铝进行处理。随后,将处理过的沼液引入曝气池进行曝气处理。经过长时间的曝气后,液体会被泵入沉淀池进行进一步的沉淀处理。经过上述几个步骤的处理,液体达到排放标准后,会被排入清水池等待进一步地排放。

(3)粪污固液分离处理和利用。

①集中处理池中的废弃物,在经过充分混合后,会被污水泵提升到固液分离系统。经过分离,固体部分会被存放到收集仓,液体部分则会回流到集中处理池中。

②当固体收集仓满时会使用装载机将其运送到晾晒场。大部分固体废弃物在晾晒后会存放到床垫料仓库,用于牛床的垫料添加,同时也可以作为农田的有机肥料。

(4)果蔬栽培与菌菇生产系统。

①蔬果种植与青贮玉米的栽培。农场建立了多个温室大棚,每个大棚都与农场的沼气池相连接。来自养殖场的沼液为蔬果和青贮玉米的种植提供了丰富的有机肥料,实现了有机蔬果的生产。大棚中产生的植物残余、秧苗以及青贮玉米等又可以作为奶牛的饲料原料,从而实现了农业与畜牧业的循环发展。

②蘑菇的培育系统。经过固液分离的牛粪可以与废弃的玉米秸秆等农场废料混合,作为蘑菇的培养基,如培育双孢菇等。这种蘑菇的培育方式不仅扩大了农牧业的循环链条,还带来了显著的经济效益。采用"采菇轮作"的方式,冬天种植蔬菜,夏秋季节培育双孢菇。这种培育方式每年可以生产 1 ~ 2 次蘑菇。

3.6.4.3 奶牛场粪污综合处理及循环利用的参数

奶牛场的粪污处理及循环利用工艺参数如表 3-2 所示。

表 3-2　奶牛场粪污处理及循环利用的参数

子系统	处理参数
舍内及运动场粪污清除系统	泌乳和干奶牛舍采用刮板系统,每栋泌乳牛舍需 4 套刮粪板环路,干奶牛舍需 1 套环路,共需 17 套刮板环路。粪污通过地下管道集中到集污池进行后续处理
	青年牛舍及其运动场采用铲车清理
	牛舍采用人工清理粪便
沼气发电系统	沼气发酵罐 3000m^3,沼液沼渣池面积 150×400=60000m^2,可贮半年。沼气发电可供场内设备的运转。沼液通过地下管道用于蔬菜大棚和青贮玉米的肥料,沼渣可用于蘑菇基料
固液分离系统	废水存池面积 100×40=4000m^2,粪便堆放发酵场面积 100×50=5000m^2。废水可作为牛舍冲洗水,发酵后的粪便(含水 40%)回填卧床
菌菇生产系统	分离后的粪便、沼渣以及垫料废料生产菌菇,1～2 次/年,可建大棚 100 个,每棚 100×12=1200m^2,总面积 120000m^2（180亩）,可消纳 7800 吨牛粪。菌菇的废渣可用作蔬菜的肥料,菜菇轮作
蔬菜大棚和青贮玉米种植系统	约 2750 亩,可消纳奶牛场产生的沼液、泥浆、粪便、废水等,而青贮玉米可用作饲料

3.7　奶牛常见疾病的防治

奶牛常见疾病主要有以下几种。

3.7.1 产后瘫痪

产后瘫痪是一种急性低钙血症,常常突然发生在分娩后的母牛身上。主要原因是饲养日粮的钙磷比例失衡,缺乏维生素 D 以及在分娩后立即开始大量产奶,从而导致血液中的钙元素迅速流失。这种情况通常在分娩后的 12 ~ 72h 内出现,且更容易发生在已生育 4 ~ 5 胎的高产牛身上。

【主要症状】

病牛初始阶段会显得不安,站立时两后腿会频繁换脚。它们对外部刺激反应过敏,耳朵竖立,眼睛瞪大,看似愤怒。排便量虽小但频繁。行走时步态不稳,有时会全身出汗,体温比正常体温低 0.5℃。从背后观察,病牛的颈部会呈现出 "S" 形弯曲,对外界反应变得迟钝,耳朵尖端和四肢末端感到寒冷。随着病情的恶化,病牛会四肢伸直躺卧,舌头伸出嘴外,对光线无反应,全身对刺痛没有反应,呼吸变得浅而缓慢,如果不及时救治,病牛很可能会死亡。

【防治措施】

(1)在母牛怀孕的后期,要确保其日粮中的钙和磷的供应量及比例合适,并让牛有足够的运动和阳光照射。

(2)对于曾经有过产后麻痹的牛,可以在其产前 5 ~ 10d,每天为其注射大约 1000mg 的维生素 D 进行预防。

(3)一旦发现病症,可以使用 800 ~ 1000mL 的 10% 葡萄糖酸钙注射液或 400 ~ 600mL 的 50% 氯化钙注射液,混合在 1000 ~ 2000mL 的 5% 葡萄糖溶液中,缓慢地进行静脉注射。如果病牛出现心力衰竭的迹象,可以在注射前 15min,先为其肌肉注射 20mL 的 15% 苯甲酸钠咖啡因注射液。

(4)可以使用乳房送风器向病牛的乳房内注入空气,直到乳房和皮肤都鼓胀起来,然后使用皮筋或绳子紧紧绑住乳头(每 15min 松开一次)。通常在送风后的 0.5 ~ 1h 内,病牛就能够站立起来。

(5)同时还需要治疗可能出现的各种并发症,如低磷酸盐血症和低钾血症等。

3.7.2 瘤胃酸中毒

瘤胃酸毒症是由于瘤胃内乳酸积累过量导致的代谢紊乱病症,常见于奶牛,且致死率较高。

【病因】

主要是因为奶牛摄取了大量的富含碳水化合物的谷类饲料,或是长期过度喂食根茎类饲料以及摄取酸度过高的青贮饲料。

【主要症状】

在最急性的情况下,奶牛可能在摄取谷类饲料后的 3 ~ 5h 内突然病发死亡。对于亚急性病例的奶牛,它们会显得精神萎靡,完全丧失食欲,并出现流口水的症状。

【防治措施】

(1)可以采用 20% 的葡萄糖酸钙和 25% 的葡萄糖各 500mL,进行一次性静脉注射,每天进行 2 ~ 3 次,直到奶牛能够站立为止。若多次使用钙剂治疗后奶牛仍无法站立,可改用 20% 的磷酸二氢钠 500mL 进行一次性静脉注射。

(2)预防方法有下列几种:

①在产前为奶牛喂食低钙饲料,保持钙、磷的比例大约为 1.2∶3。

②产前 5 ~ 7d,为每头奶牛每天注射大约 32000IU 的维生素 D;同时,每天进行一次 20% 葡萄糖酸钙液 500mL 的静脉注射,持续 3d。

3.7.3 母牛长期不发情

母牛长时间不进入发情期的问题,称之为卵巢静止状态。

【病因】

这种现象的特征是母牛的卵巢表面显得光滑且尺寸偏小。其根源可能在于不良的饲养管理,如提供的饲料品质不达标、数量不足,特别是缺乏青绿饲料。此外,高产奶牛可能因为消耗过大而导致营养失衡,或者由于子宫或全身性疾病引发的机体衰弱以及近亲繁殖等因素都导致这一问题。

【防治措施】

(1)每日通过直肠对卵巢进行一次按摩,每次持续大约 3 ~ 5min,这样的按摩以 4 ~ 5d 为一个治疗周期。

(2)采用静脉注射 100 ~ 200IU 的促卵泡激素(FSH),或者选择肌肉注射 2500 ~ 5000IU 的促卵泡激素。当母牛进入发情期后,再注射相同剂量的 PMSG 抗血清。

使用黄体酮进行肌肉注射,剂量为 100mg,每隔一天注射一次,连续注射三次。在第二次注射黄体酮的同时,肌肉注射一次 2500 ~ 5000IU 的绒毛膜促性腺激素。

利用功率为 30mW 的氦氖激光源光束对卵巢和阴蒂进行照射,照射距离保持在 30cm,每个部位照射 10min,每天照射一次,连续照射 7d 作为一个治疗周期。

3.7.4 持久黄体

【病因】

在母牛发情或分娩之后,其性周期黄体或妊娠黄体若超过 25 ~ 30d 仍未消退,临床上会表现为不发情,这种情况被定义为持久黄体现象。其产生的主要原因可能涉及饲养管理的不当和子宫疾病。例如,蛋白质摄取量过多或不足、矿物质和维生素缺乏、高产奶牛体能消耗过大,以及子宫内膜炎、子宫积脓、子宫积水、胎儿木乃伊化、胎衣滞留等,都可能导致垂体前叶分泌的促卵泡激素不足,而促使黄体素分泌过多。

【主要症状】

患有持久黄体的母牛,主要症状为不发情。通过直肠检查,可以在一侧或两侧的卵巢上发现数颗大小不一的黄体,它们大多像蘑菇一样突出在卵巢表面,质地相对较硬。

【防治措施】

(1)通过肌肉注射 100 ~ 200 单位的促卵泡激素(FSH),如果效果不佳,可以在 2 ~ 3d 后再次注射。

(2)注射 4mg 的氯前列烯醇,可以以肌肉注射或子宫内灌注的方式进行。

(3)肌肉注射 1000 ~ 5000 单位的人绒毛膜促性腺激素(HCG)。

(4)通过直肠隔着按摩卵巢,每天进行 1 ~ 2 次,每次持续 3 ~ 5min,连续进行 3 ~ 5d;或者通过直肠壁用手指挤压黄体使其分离,但分离后必须紧压卵巢凹陷处超过 5min,以防止大出血导致死亡。

(5)利用激光治疗:采用功率为 30mW 的氦氖激光源光束对卵巢和阴蒂进行照射,保持 30cm 的距离,每个部位照射 10min,每天进行一次,连续进行 5 ~ 10d。

3.7.5 胎衣不下

母牛在分娩之后,正常情况下应在 12h 内将胎衣完全排出。如果超出这个时间胎衣仍未完全排出,称之为胎衣滞留,这种情况需要得到及时处理。虽然人工剥离是一个有效的解决方法(尤其在产后 24h 内),但这项技术需要高度专业,同时也存在感染风险。

【防治措施】

(1)在分娩后的第 1d,使用 6 ~ 15g 的四环素配合 500mL 的 50% 葡萄糖进行子宫冲洗。到了第 5d,如果胎衣仍未排出,可以轻轻地手动拉出,并再次冲洗子宫。

(2)通过子宫灌注 500mL 的 10% 氯化钠溶液,每隔一天进行一次,持续 4 ~ 5 次,以促使胎衣自然排出。

(3)为了增强子宫收缩,可以通过肌肉注射 100 单位的垂体后叶素或 20 ~ 30mg 的新斯的明等药物,从而帮助胎衣的排出。

3.7.6 烂山芋中毒

【主要症状】

病牛若摄入了大量寄生黑斑菌的烂山芋,会出现一系列严重的症状。这些症状包括精神不振、食欲完全丧失、反刍行为停止以及空嚼和磨牙现象,同时伴随流口水。随着病情的恶化,病牛会表现出呼吸困难,如气喘、伸直头颈以尽力呼吸,甚至呈现犬坐姿势。它们的呼吸会变得非常粗重,发出响亮的声音,腹部急剧扇动,仿佛"拉风箱"一般。此外,病牛的眼、口腔和生殖道黏膜会出现青紫色,肩部后方的肌肉会不自主地颤动。其粪便将变得干硬且呈现黑色,可能附着有黏液或血迹。在严重的情况下,病牛的颈、背和臀部可能会出现皮下水肿,按压时产生特殊的捻发音,紧接着可能会出现肺间质气肿,如不及时治疗,病牛可能在 2 ~ 3d 内因窒息而死亡。

【防治措施】

(1)硫酸镁或硫酸钠 500 ~ 1000g,配制成 7% 的溶液,一次性让病牛服用,以帮助其排出体内的有毒山芋。

(2)让病牛一次性服用 0.1% 高锰酸钾溶液或 1% 双氧水,剂量在

2000 ~ 3000mL。

（3）采用 10% 硫代硫酸钠 100 ~ 150mL，配合 1% 硫酸阿托品 2 ~ 3mL，进行一次性的静脉注射。

（4）通过静脉注射 5% 葡萄糖生理盐水 1000 ~ 2000mL 以及 5% 维生素 E 液 40 ~ 60mL，每天进行 2 ~ 3 次，以帮助病牛恢复体力。

3.7.7 有机磷中毒

牛如果不慎摄入了被有机磷农药污染的草料或水源，或是在治疗皮肤病时药物浓度使用不当，特别是当皮肤有破损时，使用了含有油类成分、易于吸收的药物，都可能导致中毒。常见的引发中毒的有机磷农药包括甲拌磷、对硫磷、内吸磷、乐果以及敌百虫等。

【主要症状】

有机磷中毒的症状发作迅速，病牛会显得异常兴奋、行走不稳，并出现全身肌肉的痉挛性收缩。病牛会大量流口水，眼睛充血并流泪，瞳孔缩小导致视力下降甚至失明，伴有严重的腹泻和便中带血。最终，病牛可能出现呼吸困难、无法站立、意识丧失、大小便无法控制，可能因肺部积液过多导致窒息死亡。

【防治措施】

（1）通过肌肉注射给予盐酸阿托品 60 ~ 200mg，并每隔 1 ~ 2h 重复注射以维持药效。

（2）使用解磷定或氯解磷定，按照 15 ~ 30mg/kg 的剂量，用生理盐水配制成 2.5% ~ 5% 的溶液，缓慢进行静脉注射。这种药物应与阿托品交替使用，每隔 1 ~ 2h 一次。治疗应持续到病牛瞳孔恢复正常大小，视力恢复，呼吸症状改善，并且痉挛停止。

（3）可以让病牛口服 5% 的碳酸氢钠溶液 100 ~ 200mL，或使用清水或肥皂水清洗其胃肠道或受污染的皮肤，以减轻中毒症状。需要注意的是，如果是敌百虫中毒，则不能使用碱性溶液或肥皂水进行清洗。如果病牛出现肺部积液，应通过静脉注射 20% 的甘露醇溶液 300 ~ 600mL 进行治疗。

3.7.8 亚硝酸盐中毒

【主要症状】

当牛大量摄入含有高量硝酸盐的青菜(这些青菜可能经过施氮、钾肥处理),其内含的硝酸盐在牛的瘤胃微生物的影响下会转变为亚硝酸盐。这些亚硝酸盐会大量溶解在牛的血液中,导致肌肉组织缺氧。在严重情况下可能会引发全身性缺氧,最终由于呼吸中枢受到抑制导致窒息死亡。另外,如果青菜因为发热而腐烂,并且大量堆积,其中的部分硝酸盐就可能已经转化为亚硝酸盐,牛摄入后中毒风险增加。

【主要症状】

通常在牛大量吃下这些青菜后的 0.5 ~ 4h 内,牛会突然出现亚硝酸盐中毒的症状。早期症状包括烦躁不安、呼吸短促、眼结膜变色、情绪低落、肌肉颤抖、站立困难、步态不稳、腹痛、打嗝、流口水、排尿频繁以及血液颜色变深。在严重的情况下,牛可能会出现全身僵硬、无力、倒地不起、呼吸困难直至死亡。

【防治措施】

治疗牛亚硝酸盐中毒的一种有效方法是静脉注射 1% 的美蓝溶液,剂量为 0.1 ~ 0.2mL/kg。如果牛出现心力衰竭,可以通过静脉注射 2000mL 5% 的葡萄糖溶液,并在皮下或肌肉内注射 20 ~ 30mL 15% 的苯甲酸钠咖啡因注射液。此外,向瘤胃内灌入大量清水也可以阻止细菌进一步将硝酸盐还原为亚硝酸盐。

为了预防这种情况,青菜类饲料应该尽量散开存放,避免堆积和雨淋,任何变质的部分都应该丢弃,每头牛每天的青菜摄入量应控制在 40kg 以内。

3.7.9 腐蹄病

【主要症状】

病牛在站立时患侧蹄部承受力量明显减弱,行走时出现跛行,并伴随着疼痛反应。病牛体重大幅减轻,乳汁分泌量也显著降低。对蹄部底部进行检查,通常会在蹄底中央部位发现黑色小点。当使用专业工具对这些部位进行清理后,可以发现有黑色且带有气泡的臭味液体流出。在一些病牛中,蹄部的溃烂区域会长出形态不良的肉芽,这些肉芽往往会超出蹄底表面。在严重情况下,感染可能会扩散到蹄冠关节,导致关节出现红肿和疼痛,进而可能引发蹄关节炎。若感染持续恶化,蹄壳可能会因为溃烂和坏死而脱落,甚至可能出现败血症的严重症状。

【防治措施】

(1)改善牛舍的卫生状况,确保牛只摄取到钙磷比例适当的饲料。对于已经生病的牛,治疗的第一步是固定并提起患病的蹄部,使用消毒剂如0.1%的高锰酸钾溶液彻底清洁蹄底。使用专业的蹄刮刀将溃烂区域修整成锥形,以便于脓液排出。清洁并消毒后,使用如水杨酸粉、磺胺类药物和碘酊等撒在伤口内。随后,用含有松溜油的棉团填塞伤口,并用蹄绷带进行包扎,外层再涂抹松溜油。每隔2~3d需要检查并更换包扎。如果病牛出现全身症状,应通过注射抗生素进行治疗。

(2)每年至少进行1~2次的蹄底保养。在潮湿的季节,还应定期使用3%的福尔马林溶液或10%的硫酸铜溶液喷洒蹄部以预防感染。

3.7.10 寄生虫病预防

(1)由于水生植物,如水花生和水葫芦所含营养不足,并有可能携带寄生虫,因此,它们并不适宜用来喂养奶牛。

(2)为确保牛群健康,全场牛只应每年接受1~2次的肝片吸虫驱除药物治疗。

(3)在血吸虫病高发区域,应对奶牛进行每年1~2次的血吸虫病全面检查。一旦检测出感染病牛,需立即进行隔离饲养,并使用吡喹酮等相关药物进行治疗。

(4)对于那些在血吸虫病流行区域但尚未感染的牛只,应进行预防性的疫苗注射。

(5)当发现牛体表存在寄生虫时,应使用浓度为1%~2%的敌百虫溶液或其他合适的外用药物进行驱虫处理。

第 4 章
肉牛养殖与疾病防治技术

　　肉牛养殖需精心管理,确保饲料营养均衡,环境干净舒适,同时注重繁殖与育种技术,以提高产量与品质。疾病防治方面,要定期检疫,及时隔离病牛,科学使用疫苗与药物,加强饲养卫生管理,以预防和控制常见疾病,确保肉牛健康生长,提高经济效益。

4.1 牛场建设与环境控制技术

4.1.1 牛场的规划和布局

根据管理需求,牛场通常划分为四个区域:生活管理区、生产辅助区、生产区以及粪污处理和病畜隔离区。在规划这些区域时,应首要考虑地势和主导风向,以确保各区位置合理,既满足人员与牲畜的健康需求,又实现各区之间的最佳生产联系和环境卫生防疫条件。

(1)生活管理区,包括职工居住区和办公场所,应设置在牛场的高地势和上风向位置,与生产区保持足够的距离,尤其对于规模较大的牛场,应确保至少 50m 的间隔。

(2)生产辅助区,涵盖供水、供电、维修以及草料库等设施,应紧邻生产区布置。特别是干草库、饲料库、饲料加工调制车间以及青贮窖,应安排在生产区的边缘、下风向且地势较高的位置。

(3)生产区,涵盖牛舍、人工授精室、挤奶厅等生产性建筑,应位于厂区的下风向,并在入口处设置人员消毒室、更衣室以及车辆消毒池,以确保生产环境的卫生安全。

(4)粪污处理和病畜隔离区,包括兽医室、隔离牛舍、病死牛处理以及粪污贮存与处理设施,应设置在生产区的外围、下风向且地势较低的位置,与生产区保持至少 300m 的距离,以有效防止疾病的传播和环境的污染。

这样的分区规划不仅有利于牛场的日常管理和运营,更能确保人员和牲畜的健康以及整个牛场的环境卫生和防疫安全。

4.1.2 牛场的建筑设计

1.运动场

(1)运动场的面积需根据牛只的种类和年龄进行合理规划。对于成年奶牛,应每头拥有 25～30m² 的运动空间;青年牛为每头 20～25m²;育成牛每头 15～20m²;犊牛每头需要 8～10m²。为了方便管理和使用,运动场可以依据 50～100 头的规模,利用围栏划分为多个小区域。对于肉牛繁殖母牛,每头仅需约 10m² 的运动空间。

(2)在运动场的边缘应设置饮水槽,确保槽深达到 60cm,但水深不应超过 40cm。这样设计可以确保供水充足,同时保持水质新鲜、清洁,满足牛只的饮水需求。

(3)运动场的地面应平坦,中央稍高,并向四周形成一定的缓坡度,周围还需设置排水沟,以便排水。地面的材质最好选择三合土夯实,或者使用混凝土地面。但考虑到混凝土地面在夏天会产生较大的热辐射,在冬天则可能过于冰冷,因此建议运动场可以设计为一半混凝土地面,一半三合土地面,两者中间隔开。为了保护土质地面运动场,建议在雨天时关闭,晴天时开放。

(4)运动场周围应设置高度为 1～1.2m 的围栏,栏柱间隔 1.5m。围栏材料可选用坚固耐用的钢管或水泥桩柱,以确保牛只不会逃离运动场。

(5)凉棚的设置也是运动场的重要部分。其面积应根据牛只的种类进行合理规划,成年奶牛每头需要 4～5m² 的凉棚空间,青年牛和育成牛每头需要 3～4m²。凉棚应朝向南方,棚顶应具有良好的隔热和防雨功能,以确保牛只在炎热天气或雨天也能得到适宜的休息环境。

2. 配套设施

(1)电力供应是牛场运营的重要基础,牛场的电力负荷定为二级,并建议自备发电机组,尤其是奶牛场,以确保电力供应的稳定性和连续性。

(2)道路规划对于牛场的日常运营至关重要。主干道需要保持畅通,宽度为 6m,以连接场外运输。通往畜舍、草料库、饲料库、饲料加工车间、青贮窖和化粪池等区域的支干道宽 3m。同时,为确保饲料运输与粪污处理互不干扰,两者的道路应分开设计,并尽量减少交叉点。

(3)在排水系统方面,牛场内的降水采用明沟进行排放,污水则通过暗沟排放,并配备三级沉淀系统,以实现有效的污水处理和排放。

(4)草料库的设计应基于饲草和饲料原料的供应条件。粗饲料的储备量需满足 3～6 个月的生产需求,精饲料的储备量则应满足 1～2

个月的需求,以确保牛场饲料供应的稳定性。

（5）饲料加工车间应远离饲养区,并配备满足牛场饲养需求的饲料加工设备,包括草料粉碎机和饲料混合机械等。加工场所应设计为高地基平房,室内地坪高于室外,墙面水泥粉饰至1.5m高,以防饲料受潮。同时,加工室应足够宽敞,方便运输车辆进出,降低装卸劳动强度。门窗应严密,以防止鼠类、鸟类等进入。此外,饲料加工室的布局应考虑到原料仓库和成品库的便利性。

（6）青贮窖的选址至关重要,应选在排水良好、地下水位低、结构稳固且不易渗水的地方。无论是使用土质窖还是使用水泥等材料制作的窖,都应具备良好的密封性,以防止空气进入。窖壁应直且光滑,具备适当的深度和斜度,以确保结构坚固。

4.1.3 牛场的环境要求

肉牛养殖场的选址需遵循一系列原则。地势上,应选择高燥平坦、略有坡度的地点,坡度以1%～3%为佳,确保地下水位低于2m,以利于排水。这样的场地背风向阳,能够避免低洼潮湿的环境,减少蚊蝇滋扰,从而有利于肉牛的健康生长。在土质方面,沙壤土因其抗压性强、持水性小、透气渗水性好以及导热慢的特性,成为理想的选择。

此外,牛场的环境与交通条件也至关重要。牛场应远离城镇、工厂、居民区以及污染源,如化工厂、屠宰场等,同时确保距离居民区和公路主干线至少500m以上,以减少对环境和居民区的污染。同时,牛场应具备便利的交通条件,以利于产销、饲料运输和对外联络,但也要注重防止疫病传播。

饲料、饲草和水的来源也是建牛场时必须考虑的因素。牛每天需要大量饲料和饲草,因此饲料、饲草产地应靠近牛场,种类丰富,品质优良,运输便捷。同时,牛场应配备足够饲料、饲草的储存空间。水源方面,牛场应建立可靠、充足、水质良好且方便取用的水源,如地下水或自来水等。

牛场的环境温湿度也需特别关注。牛的生物特性决定了它们相对耐干寒而不耐湿热。因此,在牛场建设中应根据当地的气候条件因地制宜,南方地区应注重防暑降温和减少湿度,北方地区则应注重防风防寒和保温。综合考虑当地的气象因素,如最高温度、最低温度、湿度、年降水量、主风向和风力等,以确保牛场环境的适宜性。

4.2 肉牛良种繁育技术

4.2.1 牛的选种选配

在家畜育种工作中,选种是一项关键且不可或缺的环节,对于牛群品质的持续提升具有至关重要的作用。在牛的选种与选配过程中,一个核心议题便是探讨牛的体质外貌与生产性能之间的紧密关系。这种关系不仅直接关联到牛只的整体品质,还与其遗传潜能的发挥密切相关。因此,在生产实践中必须高度关注这一问题,确保所选的牛只既具备优美的体质外貌特征,又拥有卓越的生产性能,从而推动我国养牛业朝着持续健康的方向发展。

4.2.1.1 牛的体貌要求

不同类型的牛因应用场景的差异,其生产性能也各有特色,因此可细分为肉牛、奶牛、役用牛及兼用牛等类别。这意味着,不同种类的牛,在体质与外貌方面的要求会有所不同。

对于肉牛而言,体质外貌的选择至关重要。理想的肉牛体型应为长方形,全身肌肉丰满,体躯宽阔深厚,这样的体型有助于增加载肉量,进而提升屠宰率和净肉率。它们的头部相对短而粗,颈部与肩部结合得饱满流畅,四肢短而粗壮,胸部深广,背、腰、臀部肌肉发达。此外,肉牛的皮肤柔软且薄,被毛细密,性情温和,行动较为迟缓。

奶牛的体质外貌展现出不同的特点。它们通常皮薄骨细,肌肉不十分突出,但皮下脂肪较少,血管清晰可见。奶牛的体型类似楔形,前躯较浅而后躯深广,乳房大而圆。它们的头部长而清秀,颈部线条流畅,胸部宽深,腰背平直,四肢间距宽阔。特别值得一提的是,奶牛的乳房发育良好,四个乳区分布均匀,皮肤薄而有弹性,这些都是其优秀产奶性能的显著标志。

对于役用牛来说,其体质外貌更注重高大粗壮、肌肉发达和体质结实的特点。它们需要拥有强大的力量和持久的耐力,以应对各种繁重的劳役工作。役用牛的颈部适中且灵活,四肢粗壮有力,步伐稳健。

兼用牛则是集合了多种功能于一身的牛种。在选择肉乳兼用牛时,应优先考虑其产肉性能,并适当兼顾产奶性能,而对其役用性能则可以相对放宽要求。

4.2.1.2 牛的选种

随着人工授精和冷冻精液技术的广泛应用,种公牛在育种工作中的影响力变得更为显著和高效。因此,选种工作的核心任务便是从牛群中精心筛选出最优秀的个体作为种牛,并为它们提供优越的环境,以确保其能够大量繁殖出优质的后代。此举的主要目的在于提升整个牛群的产奶性能、产肉性能以及健康水平。

1. 选种的基本原理深度解析

(1)选种与选择的关系。在育种工作中,选与配是两个至关重要的环节。从理论层面来看,"选"即为选择;在实际操作中,称之为"选种",其理论基础正是源于选择学说。

(2)选种的实质及其深远影响。经过一代代的选择和繁殖,那些微小的有利变化逐渐累积,最终通过持续的代际选择实现质变,推动品种生产水平的稳步提升,甚至可能催生出全新的品种类型。因此,选种对家畜性能的影响是一个由量变逐渐引发质变的过程。

(3)选择差与选择强度的探讨。在实际生产过程中,若期望扩大牛群规模,则需要提高留种率,但这会导致选择差减小,进而减缓遗传进展;反之,若重点是提升牛群的质量,则可以降低留种率,增大选择差,从而加速遗传进展。值得注意的是,虽然公母牛的留种率有所不同,但它们对后代的遗传作用却是相同的。因此,对公牛进行严格的选种,从公牛方面提高选择差,往往比从母牛方面更为有效。选择强度则是一个标准化的选择差,它消除了单位的影响,仅受留种率一个因素的影响。这一指标为我们提供了一个更为客观和准确的参考依据,帮助我们在选种过程中做出更明智的决策。

2. 性状选择方法的多元化探索

（1）单一性状选择法的应用。这是一种按顺序逐一改良目标性状的方法。即当我们通过选择使某一性状达到育种目标后，再转向下一个性状进行选择，如此逐步推进，直至所有性状均得到优化。

（2）独立淘汰法的实施。这是一种同时选择多个性状的方法，每个性状都设定了最低标准，任何未达到标准的性状都会导致个体被淘汰。这种方法简单易行，且能够有效提高选择效果。然而，它也可能导致一些仅在个别性状上未达标准，但其他方面表现优秀的个体被淘汰，而留下的往往是各方面表现中等的个体。此外，该方法未充分考虑各性状在经济上的重要性和遗传力的差异。

（3）综合选择指数法的优势。与单一性状选择法不同，该方法强调同时选择多个性状，如奶牛的产奶量、乳脂率、乳蛋白率，或是肉牛的初生重、日增重、屠宰率等。通过整合不同性状的资料，并考虑其遗传力和经济重要性，形成一个综合指数，最终根据指数高低来选留种畜。这种方法能够全面考虑多个性状的影响，是目前较为理想的选择方法，在育种实践中得到了广泛应用。

（4）同期同龄比较法的创新应用。该方法是一种用于评估公牛种用价值的合理方法。其核心在于将需要进行后裔测定的若干头公牛安排在同一时期、同一年龄进行配种，随后比较其生产性能。这种方法能够消除环境因素对评估结果的影响，从而更准确地反映公牛的遗传潜力和育种价值。

3. 选种方法的多样化选择

选种即选择优质的种畜，是确保畜牧生产高效和优质的关键步骤。在选种过程中有多种方法可供选择，每种方法都有其特定的适用场景和优势。

（1）表型选择法。这种方法基于个体的性状表型值高低进行选种。通常通过择优法实现，即挑选畜群中表型值最高的个体作为种畜。这种方法特别适用于遗传力较高的性状。

（2）家系选择法。该方法将家系作为一个整体单位，根据家系的平均表型值进行选种。这种方法在多胎动物如猪、禽等中尤为适用。

（3）估计育种值选择法。这种方法基于种畜表型中可遗传和固定部分的高低进行选种。评估种畜的育种值,可以更准确地预测其后代的遗传性能。

(4)综合选择法。该方法将多个性状综合成一个便于比较的数值,即综合选择指数。根据这个指数进行选种,可以全面评估种畜的优劣。

(5)顺序选择法。顺序选择法虽然详细但耗时较长,且难以达到预期效果,因此在实际应用中需要谨慎考虑。

4.2.1.3 牛的选配

1. 选配原则的深度解析

在奶牛场的选配作业中,需根据公母牛的品质与遗传特征制定出合理的选配方案。

对于品质卓越的公母牛,应采取同质选配的策略,即挑选具有相似或相同优秀遗传特性的公牛与母牛配对,以确保其后代能延续这些优秀品质。在一次选配中,应控制改良的性状数量,通常不宜过多,最好不超过三个。过多的改良目标可能导致遗传资源的分散,难以取得显著的改良效果。因此,应优先针对牛群整体性能影响最大的性状进行改良。

2. 选配方法的精细化操作

在奶牛场管理中,为每头母牛建立详尽的系谱档案至关重要,包括记录其家族血统、繁殖历史及生长发育情况等关键信息。查阅这些资料,能深入了解每头母牛的遗传特点及潜在缺陷,为后续的选配工作提供坚实依据。

同时,对母牛的个体优缺点进行全面清查,涉及体型、产奶量、繁殖力、健康状况等多个方面。列出并整理每头母牛的优缺点,能更清晰地掌握整个牛群的遗传特点及存在的问题,为制订群体选配计划提供有力支持。

此外,种公牛的个体优缺点清查同样不可忽视。作为遗传物质的传递者,种公牛的遗传特点将直接影响后代的表现。因此,需要深入了解种公牛的系谱、繁殖性能、遗传疾病等方面,确保其具备优秀的遗传品质。

基于公母牛不低于三代的系谱资料,需计算后代近交系数。近交系数是衡量后代遗传纯合度的重要指标,过高或过低都可能对后代的健康和生产性能产生不良影响。因此,需通过科学方法确保后代的近交系数控制在合理范围内,以保障其后代的遗传稳定性和生产性能。

3. 选配种类的分类与应用

选配主要分为品质选配和亲缘选配两大类。

品质选配是一种基于交配双方品质对比的精心策划的交配方式。这里的"品质"既可以是一般品质,如体质、体型、生物学特性、生产性能及产品质量等;也可以是特指遗传品质,如估计育种值的高低等。

亲缘选配则是基于交配双方亲缘关系远近来策划的交配策略。在亲缘选配中,双方之间的亲缘关系是一个重要考量因素。若双方亲缘关系较近,则称为近交。近交在育种实践中具有应用价值,有助于固定和强化某些特定遗传特性,使其在后代中得到更稳定的遗传。

4. 选配计划的制订与要点

选配计划即选配方案,其形式灵活多样,但应包含一系列核心要素以确保其完整性和有效性。首先,明确选配目的,为育种方向和目标提供指导。其次,确定选配原则,为实际操作提供决策依据。选配方法是计划的重要组成部分,需明确如何实现所选目的和原则。预期效果是对计划执行后可能产生的结果进行预测,有助于评估计划的可行性和潜在价值。再次,列出将参与交配的公母畜的名字与编号,并对其品质进行说明,以便更准确地制定选配策略。最后,考虑亲缘关系,确保后代遗传特性的稳定性和多样性。

4.2.2 牛的繁殖技术

4.2.2.1 发情鉴定

鉴于母牛发情时外在体征明显,且发情期持续时间相对较短,排卵多发生在发情结束后的 4 ~ 16h,因此在实际操作中常采用外观试情法和直肠检查法来判断母牛是否发情。

1. 外观试情法

外观试情法作为判断母牛发情的主要方法,主要依赖于观察母牛的性欲表现、性兴奋程度以及外阴部的变化。有时,还会利用试情公牛进行主动试情,以更准确地识别母牛的发情状况。根据发情的不同阶段,可以将其划分为三个时期。

发情初期,母牛可能会对其他母牛表现出爬跨行为,显得不安并发出鸣叫声,但此时并不愿意接受其他牛的爬跨。其阴唇轻微肿胀,黏膜呈现粉红色并充血,阴门有少量透明黏液流出,黏性不强。在这一阶段,母牛的情绪可能较为激动,放牧时易四处跑动,进食时也可能分心。

进入发情中期,母牛会积极追随并爬跨其他母牛,同时愿意接受其他牛的爬跨,鸣叫更为频繁。此时,阴唇肿胀明显,黏膜充血更为严重,呈现鲜明的潮红。阴门流出的黏液量增多,黏性增强,形状如粗玻璃棒,难以拉断。

到了发情后期,母牛不再爬跨其他牛,并拒绝接受爬跨,鸣叫停止。黏膜颜色逐渐转为淡红色,尽管有时仍略带潮红。阴唇肿胀开始消退,阴门流出的黏液量减少,质地变得半透明或浑浊,黏性减弱。

在群体饲养环境中,由于发情母牛间的相互爬跨,其背部毛发可能变得杂乱并沾有污物。为了节省人力,有些国外牛场采用"发情检出器"作为辅助工具。这种方法是在母牛背部放置一个装有特殊药剂的塑料管。当发情母牛被其他牛爬跨时,药剂会被挤出并变色,从而轻易识别出发情母牛。此外,有些牛场使用结扎了输精管的试情公牛,这些公牛在牛群中活动时,会在发情母牛的臀部留下颜色标记,便于识别。

在现代化的牛群管理系统中,计步器与计算机技术相结合,实现了对母牛发情状态的更精确、高效的判断。

2. 直肠检查法

直肠检查法主要包括以下步骤:首先,将牛固定在保定架上,并用绳子固定其后腿。然后,穿上专用工作服,修剪并磨光指甲以防划伤牛体。在手臂上涂抹润滑剂,确保操作顺畅。用温水或消毒剂仔细清洗牛的外阴部和肛门。

通过直肠检查,可以详细解读母牛卵泡的发育规律。发情期的母牛卵巢上可以触摸到卵泡突出于表面,大小约为 0.5 ~ 1.5cm。

卵泡的发育过程可以分为几个阶段：卵泡出现期，卵巢稍增大，触摸时感觉软化，波动不明显；卵泡发育期，卵泡逐渐增大，波动变得明显；卵泡成熟期，卵泡大小稳定，壁变薄，触摸时感觉一触即破，此时是最佳的输精时期；排卵期，卵泡破裂释放卵子，触摸时感觉卵泡壁松软，并有小凹陷，排卵后逐渐形成黄体。了解这些阶段有助于我们确定最佳的输精时间，提高受孕率。

4.2.2.2 人工授精

在牛的配种过程中，主要有两种形式：一种是自然交配，也称为本交；另一种是人工授精。尽管在某些地区的肉牛生产中，本交方式仍然被使用，但冷冻精液人工授精技术正逐渐替代本交，并且在更广泛的区域得到了应用。

（1）精液采集：这一环节主要依赖于假阴道法。采集前，需用2%的碳酸氢钠溶液或温开水清洁公牛的生殖器部位。随后，在饲养员的引导下，公牛会在采精台附近活动，直至性欲被充分激发。当公牛准备爬跨台牛时，采精员会迅速就位，站在公牛的右侧，右手持假阴道，左手托住公牛的阴茎包皮，顺势将阴茎插入假阴道内，完成精液采集。

（2）精液品质检查：这一环节对于评估种公牛是否适合参与配种至关重要，同时也是影响受胎率的关键因素。通过精液品质检查，可以确定公牛的配种能力、饲养水平以及精液的稀释倍数。检查方式可以灵活选择，既可以每次必检，也可以定期进行全面检查。活率是评估精子质量的重要指标，它指的是显微镜下直线前进的精子所占的比例。旋转或摇摆的精子已失去受精能力，因此不计入活率的计算。常用的评分标准是十级评分法，根据视野中直线前进的精子的比例来给出相应的评分。

（3）精液稀释：精液稀释的目的在于提高种公牛的利用率，不仅增加精液的数量，也扩大其在时间和空间上的适用范围。在稀释前，需要按照特定的配方准备好稀释液。稀释过程可以采用一次稀释法或二次稀释法。一次稀释法是将稀释液和精液同时置于30℃的水浴中，待其温度平衡后直接混合。二次稀释法则先在30℃的条件下进行初次稀释，然后将精液放入冰箱内冷却，再用同样温度的稀释液进行二次稀释。尽管二次稀释法旨在减少环境突变和甘油对精子的潜在伤害，但实际应用中,两种稀释法的效果相差不大。

（4）平衡处理：稀释后的精液需要在一定的温度条件下静置一段时间,这个过程称为平衡,一般需要 2 ~ 4h。平衡的目的在于让甘油逐渐渗透到精子内部,为其提供必要的防冻保护,同时使精子逐渐适应冷冻环境,增强其抗冻能力。这样处理后的精液在冷冻和保存过程中能够保持较高的受精能力。

（5）精液分装环节至关重要,常见的分装方式包括颗粒型、细管型、安瓿型和袋装型四种。

①颗粒型分装法：分装量较小,类似黄豆大小,简便且成本低,但易污染,标记困难,且需要特定解冻液配合。目前,这种分装方式在我国正逐渐减少使用。

②细管型分装法：采用特定长度的聚氯乙烯复合塑料细管,容量适中,适用于多种冷冻保存需求。

③安瓿型分装法：使用硅酸盐硬质玻璃制成的安瓿,剂量标准,不易受污染,但成本较高,易碎且体积较大。

④袋装型分装法：虽经过冷冻处理,但由于体积大,内外受热不均,冷冻效果并不理想,因此目前使用较少。

（6）精液冷冻是确保精子活力长久保存的关键步骤。

①干冰埋藏法：在木盒中铺设干冰,打孔后滴入平衡处理后的精液进行封埋,或直接将分装后的精液平铺在干冰上冷冻。这种方法操作简便,但冷冻效果受多种因素影响。

②液氮熏蒸法：通过液氮产生的低温蒸气对精液进行熏蒸冷冻,是目前应用最广泛的冷冻方法。这种方法冷冻效果稳定,适用于大规模生产。

（7）解冻过程需要控制适宜的温度,确保精子活力不受损害。

①细管、安瓿和袋装冻精可直接投入温水中解冻,操作简单快捷。

②颗粒冻精的解冻方式有干解冻和湿解冻两种。干解冻是将颗粒冻精投入预热试管中融化,而湿解冻则是在加入解冻液的试管中投入冻精并摇动至融化。这两种方式均能有效解冻精子,但需注意控制解冻液的温度和浓度。

（8）输精是人工授精的最后也是最为关键的环节,其成功与否直接决定了整个过程的成效。

①输精前,必须确保母牛生殖道清洁无菌,输精器材和精液也应严

格消毒。同时,对精液进行活率检查,确保质量达标。

②输精方法主要有阴道扩张器输精法和直肠把握输精法。前者通过阴道开膣器打开阴道,在光线照射下找到子宫颈口进行输精;后者则通过直肠固定子宫颈,配合阴道插入输精管进行输精。在输精过程中,输精员的手法至关重要,柔和的动作有助于提高受胎率。

4.2.2.3 妊娠诊断

母牛早期妊娠诊断对于提升繁殖效率具有至关重要的作用,它依赖于对母牛妊娠期间生理变化和外在表现的细致观察。为实现准确的诊断,可采用多种方法,包括外部观察、阴道检查、直肠检查、孕酮水平测定以及超声波诊断等。其中,直肠检查法以其出色的准确性和可靠性,被广大兽医和养殖者视为最基本、最值得信赖的妊娠诊断方法。

通过观察外部特征,可以发现,母牛怀孕后,通常在配种后的 3 周左右停止发情,性格变得更为温和,食欲也有所增强。然而,这些变化虽然可以为我们提供初步的判断依据,但其准确性有限,因此通常仅作为辅助手段使用。

阴道检查法则更为直接,通过使用阴道开张器,可以观察到怀孕一个月的母牛阴道黏膜和子宫颈的变化,如苍白无光泽,子宫颈口闭合,并有灰暗的子宫颈栓堵塞。

直肠检查法是一种常用的兽医技术,通过直接触摸牛的生殖器官,可以更准确地判断其是否怀孕。

超声波诊断法则利用超声波的物理特性,通过深入母牛阴道或直肠进行探查和影像扫描,从而判断胚胎的存在和胎儿的状况。尽管超声波诊断法在配种后 20d 即可进行,但为了确保准确性,通常需要在 60d 以上进行判断。然而,由于超声波扫描仪的成本较高,目前这种方法主要在国内的科研领域得到应用。

4.2.2.4 分娩与助产

在自然环境中,牛能够自主选择安静、避风的地方进行分娩,并自行完成新生胎儿的被毛舔干与哺乳喂养的过程。在人工饲养环境下,由于外界因素的增多,牛的分娩过程往往受到不同程度的干扰,导致难产情况屡见不鲜。

（1）产前准备。为确保分娩的顺利进行,应设立专用的产房和分娩栏,保持其环境清洁、干燥、阳光充足且通风状况良好。同时,产房应足够宽敞,以便进行助产操作。产房内应备齐必要的助产器械和药品,如酒精、碘酒、细线绳、剪刀、产科绳、手电筒、手套、手术刀、肥皂、毛巾等,以及催产素等药品。

（2）正常分娩的助产过程。在进行助产工作时,必须严格遵守操作规程,以确保犊牛的顺利产出和母牛的安全。一旦发现母牛出现分娩征兆,应立即清洁其外阴部。当子宫颈开张、胎水排出但胎儿无法自行排出时,应采取适当的措施进行协助。若娩出动力过强,特别是初产母牛,应调整其体位以减缓娩出速度,避免对母牛和胎儿造成不必要的伤害。

在胎儿进入产道时,应仔细检查胎向、胎位和胎势,如发现异常情况应及时进行校正。当胎头露出时,应妥善处理羊膜并清除胎儿鼻孔内的黏液,以确保其呼吸畅通。在胎儿头部通过阴门时,如遇到阴门紧张的情况,可协助扩大阴门横径以促进胎儿顺利通过。

（3）特定情况下的胎儿牵拉措施。在某些特定情况下,如头部产出过慢、产道狭窄或胎儿某部分过大、母牛努责微弱无力排出胎儿以及脐带受压供血受阻等,需要协助牵拉胎儿以确保其顺利出生。

（4）犊牛出生后的护理。犊牛出生后,应立即确保其呼吸畅通,处理脐带并擦干其体表。同时,应尽早让犊牛吮食初乳,因为初乳对于新生犊牛的健康至关重要,它能提供必要的抗体并增强其抵抗力。此外,还应检查并妥善处理母牛排出的胎衣,以确保母牛产后恢复顺利。

4.2.2.5 同期发情

同期发情在畜牧生产中扮演着重要角色,它有效地促进了母牛发情与配种的集中化,从而推动了冷冻精液配种技术的广泛应用。由于发情、排卵、配种、妊娠和分娩等关键生产环节的时间变得更为统一,因此牛群的饲养管理变得更为简便高效。同时,这种技术也有助于我们根据市场需求,有计划地提供标准化的牛肉或乳制品。

对于实现同期发情,主要采取以下几种方法。

（1）孕激素阴道栓塞法。这是一种被广泛采用的处理方法。该方法使用吸附有孕激素制剂的海绵,并将其放置在母牛的子宫颈阴道部。

海绵的大小经过精心设计,以确保药物能够稳定而持续地释放。为了进一步提高卵泡发育和排卵的一致性,通常在用药的最后一天给母牛注射适量的孕马血清促性腺激素。当前市场上,已经有很多国外生产的商品化阴道栓剂可供选择,它们设计合理、使用方便,并且能确保药物在体内的稳定释放。当处理周期结束时,阴道栓可以轻松取出。大多数母牛在取出阴道栓后的几天内会进入发情期,这时是进行人工授精的最佳时机。

(2)埋植法。这也是一种常用的方法,特别适用于牛只。该方法将含有孕激素的小塑料管埋植于牛只的耳背皮下。塑料管的设计使药物能够缓慢而稳定地释放。经过一定的时间后,取出埋植管,并在取管当天给母牛注射一定量的促性腺激素释放激素或其他相关激素,以促进卵泡的发育和排卵。

(3)前列腺素处理法。根据使用部位的不同,这种方法可分为子宫内注射和肌肉注射两种形式。由于前列腺素的半衰期相对较短,因此子宫内注射通常能取得更好的效果。在子宫内注射时,药物直接作用于黄体,所需用量相对较小。肌肉注射则需要较大的用药量,因为药物需要通过血液循环才能到达靶组织。为了提高同期发情的成功率,有时需要对母牛进行两次处理,以确保所有母牛都能同步发情。

(4)口服法。每天将一定剂量的药物均匀地混合在饲料中或直接喂给母牛,连续喂药一段时间后停止喂药。几天内,被处理的母牛会进入发情期。尽管这种方法在药量控制上可能不够准确,但在某些特定情况下,它仍然是一种有效的处理方法。

4.3 饲草生产和草料加工利用技术

4.3.1 主要饲草的种植技术

我国当前正处于农业结构优化的重要阶段,农业从传统二元结构正在逐步向三元结构转变,具体表现为粮食、饲料、经济作物这三大支柱共同构成的三元结构。为了提升畜牧业在农业总体布局中的地位和比重,应积极推动种草养牛等策略,以加强畜牧业的发展,从而推动整个农业结构的优化升级。

4.3.1.1 饲草无公害种植技术总则

(1)产地环境标准。牧草种植地的选择应远离污染源区,如工业"三废"排放点、医院和城镇的垃圾处理厂等,至少保持 3km 的安全距离。土壤应具备深厚的耕层,深度维持在 20 ~ 30cm,有机质含量至少达到 1%,pH 值应接近 7.0,以保证其良好的保肥和保水能力。同时,土壤和水质均须符合无公害农产品基地的标准。牧草具有较强的抗逆性,能适应多种土壤条件,但以壤土或沙壤土为最佳。水源条件应确保灌溉和排水便利,且不受工业和生活污水的污染。

(2)播种管理。种植模式的选择应根据当地的耕作制度进行。例如,可以实行一年生耐寒和喜温性牧草的复种,或多年生和越年生牧草的套种,或在林(果)地中套种牧草,或实行粮草的复种等。

种植面积的确定应根据牧草的单位面积载畜量进行计算,一般每公顷可养牛 12 ~ 30 头。

在播种前,应进行精细的整地工作,包括耕地、耙地、开沟、做畦等环节,以满足牧草生长的基本要求。整地深度一般为 20 ~ 30cm,土壤应平整、细碎,以利于种子的萌发和生长。在多雨地区,还应开沟做畦,以利于排水。

基肥的施用也是播种前的重要工作。基肥用量每公顷应达到 20000 ~ 30000kg,以有机肥为主,减少化肥的施用。基肥应在耕作前撒施地表,耕作时翻入耕作层。种肥和追肥的施用则应根据牧草的生长情况进行酌情施用。

(3)田间管理措施。

确保苗齐苗壮:在牧草播种后,务必通过仔细检查、补充缺失的幼苗、适当的间苗以及定苗,确保苗齐苗壮。当密植的牧草出现超过 10% 的缺苗时应及时进行补种。对于高大的牧草,若发现有缺苗现象,应迅速进行稠密部位的移植以补充空缺。

中耕除草工作:春季播种的牧草在苗期阶段,特别需要重视杂草的防除工作。尤其是那些苗期生长缓慢的多年生豆科牧草,其苗期的杂草防除工作显得尤为关键。然而,当牧草进入生长旺盛期时,由于其本身具有较强的抑制杂草的能力,因此无需再进行除草。

灌溉与排水管理:禾本科牧草在其田间持水量达到 70% ~ 80%、豆科牧草达到 50% ~ 60% 时,生长状态最为理想。当发现土壤水分明显不足时,应及时灌溉以补充水分。在雨水充足的南方地区,需要注意及时排水以防渍涝。此外,每次刈割牧草后,适时灌溉有助于促进牧草的新一轮生长。在刈割牧草时,应将其与灌溉和追肥紧密结合,以提高牧草的生长效率。

4.3.1.2 饲料作物栽培技术

1. 玉米

(1)玉米的特性与栽培。玉米,有多种别称,如玉蜀黍、苞谷等,它不仅是重要的粮食作物,还是饲料作物的佼佼者。玉米植株高大,生长迅速,产量高,其茎含糖量高,富含维生素和胡萝卜素,适口性好,饲用价值极高,尤其适合作为青贮饲料和青饲料,因此被誉为"饲料之王"。

玉米是一种喜温作物,其种子在 6 ~ 7℃时开始发芽,但苗期对霜冻极为敏感,一旦遭遇 -3 ~ -2℃的低温,便会受到霜害。在拔节期,玉米需要日温度保持在 18℃以上,而到了抽雄、开花期,则要求温度达到 26 ~ 27℃。在灌浆成熟期,温度应维持在 20 ~ 24℃。玉米对水的需求量大,适宜种植在年降水量为 500 ~ 800mm 的地区。同时,它对肥料的需求也很高,特别是对氮的需求量较大。尽管玉米对土壤的要求并不严格,各类土壤均可种植,尤其中性土壤最为适宜,而过酸或过碱的土壤则不适合玉米生长。

在栽培方面,深耕细耙是种植玉米的重要步骤,耕翻深度一般不少于 18cm,在特定土壤区域甚至需要超过 22cm。根据种植季节的不同,施肥方式也有所区别。春玉米在秋翻时,可施入有机肥作为基肥,而夏玉米则一般不施基肥。玉米品种繁多,选择适宜的品种是栽培成功的关键。播种期的选择因地区而异,从北方的黑龙江、吉林到南方的长江流域,播种时间差异显著。播种方式包括单播、间作套种等,播种深度和播种量也需根据具体情况进行调整。

(2)玉米的收获与利用。玉米在农业生产和畜牧业中都有着举足轻重的地位,是农民和畜牧业者不可或缺的宝贵资源。玉米的收获时机和方法直接关系到其产量和品质。对于籽粒玉米,以籽粒变硬发亮、达到完熟时收获为宜;粮饲兼用玉米则应在蜡熟末期至完熟初期进行收获。对于专用青贮玉米,蜡熟期是最佳的收获时期。在产量方面,籽粒玉米一般每公顷产籽粒 6.0 ~ 8.0t,青贮玉米则每公顷可产青体 60 ~ 75t。

2. 大麦

(1)大麦的特性与栽培。大麦,又名稃大麦、草大麦,是一种适应性极强的草本植物。它耐寒,能在高纬度和高山地区生长,对温度的要求并不严格。同时,它也耐旱,在年降水量 400 ~ 500mm 的地方都能种植,尽管抽穗开花期对水的需求量较大,但即使遭遇干旱,大麦也能顽强生长。土壤方面,大麦对土壤的要求不严,耐盐碱但不耐酸,土壤含盐量仅在 0.1% ~ 0.2% 时,大麦仍能正常生长。

在栽培大麦时,播种前的准备工作尤为重要。需要精细整地,并施用适量的厩肥、硫酸铵和过磷酸钙作为底肥。为了预防大麦黑穗病和条锈病,可以使用石灰水浸种或多菌灵拌种。对于地下害虫的防治,可以选择使用辛硫磷乳剂拌种。播种时,条播行距通常为 15 ~ 30cm,播种深度为 3 ~ 4cm,播后需镇压。大麦的播种期因地区和季节而异,冬大麦和春大麦的播种时间有着明显的区别。

(2)大麦的收获与利用。大麦的收获时机和利用方式对于其产量和品质至关重要。青贮大麦的最佳收割时期是乳熟初期。根据播种季节的不同,春播大麦每公顷的鲜草产量可达 22.5 ~ 30.0t,而夏播的则为 15.0 ~ 19.5t。

大麦的利用价值极高,尤其作为饲料作物。在苗高 40 ~ 50cm 时,大麦柔软多汁,适口性好,营养丰富,是肉牛优良的青绿多汁饲料。无论是作为粮食还是饲料,大麦都展现出了其独特的重要性和广泛的利用价值。

3. 燕麦

(1)燕麦的特性与栽培。燕麦,又名铃铛麦、草燕麦,主要分布于我国的东北、华北和西北地区,是内蒙古、青海、甘肃、新疆等各大牧区的主要饲料作物。燕麦分为带稃和裸粒两大类,其中带稃燕麦主要用于饲养,而裸燕麦也被称为莜麦,主要用于食用。

燕麦是一种喜冷凉湿润气候的一年生草本植物,其种子发芽的最低温度为 3 ~ 4℃,不耐高温。在生育期间,它需要 ≥ 5℃的积温在13 ~ 21℃。燕麦对水分的需求较大,适宜在年降水量为 400 ~ 600mm的地区种植。

(2)燕麦的收获与利用。燕麦的收获与利用方式多样,根据其用途和生长阶段的不同,可以有不同的收获和处理方法。籽粒燕麦的收获时机应在穗上部籽粒达到完熟、穗下部籽粒蜡熟时进行,一般每公顷可收获籽粒 2.25 ~ 3.0t。青刈燕麦的收获则更为灵活,第一茬可在株高40 ~ 50cm 时刈割,留茬 5 ~ 6cm;隔 30d 左右可齐地刈割第二茬,每公顷可产鲜草 22.5 ~ 30.0t。

4.3.2 饲草料加工技术

为了提升肉牛养殖的经济效益,并实现资源的高效利用,应积极利用非粮饲料资源,并通过科学的加工调制手段,改善饲草料的品质,进而降低饲草料的成本。

4.3.2.1 全株玉米青贮技术

最佳的收割时机通常是在玉米籽实达到乳熟后期至蜡熟期,此时整株玉米的下部应有 4 ~ 5 片叶子变为棕色,干物质含量约在30% ~ 35%。机械收割时,留茬高度应控制在 10 ~ 15cm。

切碎的长度以 1 ~ 2cm 为宜,这样更利于青贮饲料的制作和存储。

在装填过程中,应使用拖拉机、装载机等机械进行反复碾压,确保层层压实,有效排出其中的空气,以提高青贮饲料的品质。

当装填至高出窖口 40 ~ 50cm 时,即可进行封窖。首先在顶部覆盖一层塑料薄膜,然后将四周用土封严压实,最后使用轮胎或土进行镇压,确保密封。

为了避免二次发酵并提高青贮制作的质量,整个制作过程需要迅速完成,包括快速收割、快速切碎、快速压实和快速封闭。

一般来说,青贮饲料发酵 40d 后即可开窖使用。取用时,应从上到下整齐切取,最好使用取料机进行操作。取用后,应立即用塑料薄膜将开口封严,以保持饲料的品质和防止氧化。

青贮饲料品质感官鉴定标准如表4-1所示。

表4-1 青贮饲料品质感官鉴定标准

项目	优等	中等	低等
颜色	呈绿色、黄绿色或淡绿色、茶绿色,有光泽,近于原色	黄褐色或暗褐色,光泽差	全暗色、茶色、黑绿色、黑褐色、黑色
气味	具有苹果香味、芳香酒酸味或烤面包香味	有强烈的醋味,香味淡	具有刺鼻的氨味、腐臭味或霉味
质地	湿润、松散、柔软,茎、叶、花保持原状,不粘手,手捏时无汁液滴出	质地较柔,茎、叶、花能分清,轻度黏手,手捏时有汁液流出	发黏、腐烂、结块、污泥状、无结构
腐烂率	≤ 2	≤ 10	≥ 20
适口性	好	较好	差(不适于饲喂)

4.3.2.2 玉米秸秆黄贮技术

玉米达到蜡熟后期,果穗和苞叶变白,且植株下部5～6片叶子呈现枯黄状态时,便可进行收割。为确保原料水分不流失,应迅速收割、运输和储存。

将秸秆切成1～2cm的长度较为适宜,过长的秸秆不易压实,易导致变质和腐烂。

切碎后的原料应尽快放入窖中,除底层外,应逐层均匀添加水分,使其水分含量达到65%～70%。判断标准是,用手紧握压实后的草团,指间应有水但不应滴落。为提高黄贮秸秆的糖分含量,促进乳酸菌的正常繁殖,改善饲草品质,可添加约0.5%的麸皮或玉米面。

在装填过程中,应层层压实,以充分排除空气。可利用拖拉机、装载机等机械进行反复碾压,尤其要注意窖的四周和四角,确保压实。

在加工调制过程中,应定期检查秸秆的水分含量,并根据需要进行适当调整,确保水分含量保持在65%～70%的范围内。

当原料装填至高出窖口40～50cm,窖顶形状为中间高四周低的馒头状时,即可进行封窖。在秸秆顶部覆盖一层塑料薄膜,四周应压实封严,再用轮胎或土进行镇压密封。土层厚度应为30～50cm,表面应平整光滑,并在四周挖好排水沟,以防雨水渗入。封窖后应定期检查,如发现下陷、裂缝、破损等情况,应及时修补,防止漏气。

玉米秸秆经过 40d 的发酵后,即可取用。每次取用后,应使用塑料薄膜将开口密封,尽量减少与空气的接触,防止二次发酵和霉变。建议每次按照 1 ~ 2d 的饲喂量进行取用。

4.3.2.3 马铃薯淀粉渣与玉米秸秆混贮技术

通常,在玉米蜡熟后期,当果穗和苞叶变为白色,植株下部的 5 ~ 6 片叶子开始枯黄时,是收获玉米秸秆的最佳时机。同时,要确保所使用的马铃薯淀粉渣新鲜且没有霉变,原料应随收获随运输并妥善储存。

将玉米秸秆切成 1 ~ 2cm 的小段,以便于后续的加工和储存。

首先,调节铡短的玉米秸秆的水分含量至 65% ~ 70%,然后将其铺垫在窖底。接着,将新鲜的马铃薯淀粉渣均匀地覆盖在玉米秸秆上。随后,再覆盖一层粉碎并调节至适宜水分的玉米秸秆并压实。这个过程需要反复进行,以确保窖内原料的均匀分布和压实。

当原料经过层层填装并压实,装填至高出窖口 40 ~ 50cm 时,即可进行封窖。在窖口顶部覆盖一层塑料薄膜,确保四周压实并封严,可以使用轮胎或土进行镇压以增强密封效果。同时,在窖口四周挖好排水沟,以防止雨水渗入窖内。

封窖后的 40 ~ 50d,即可打开窖口取用原料。取用时,应采用垂直切取的方式,确保切面整齐。取用完毕后,应立即使用塑料薄膜将开口封严,尽量减少与空气的接触,以防止二次发酵和霉变的发生。

4.3.2.4 饲草包膜青贮技术

饲草适时收获后,通过专用打捆机和包膜机的加工处理,包括捆扎和专用拉伸膜包裹等步骤,使饲草在封闭环境中进行乳酸发酵,从而实现长期保存。

禾本科牧草应在抽穗期进行收割,而豆科牧草则应在现蕾至初花期收割。一般来说,应选择天气晴朗的日子进行收割。

收获后的饲草一般需晾晒 12 ~ 24h,当含水量达到 45% ~ 55% 时即可开始制作。在天气晴朗的情况下,可以选择早晨收割、下午制作,或下午收割、第二天早晨制作。

利用铡草机将原料切碎至 2 ~ 5cm 的长度。

将切碎的饲草填装入专用饲草打捆机中进行打捆,每捆的重量控制在 50 ~ 60kg。若需要使用添加剂,应在打捆前将添加剂与切碎的饲草混合均匀后再进行打捆。

打捆完成后,从打捆机中取出草捆,平稳地放置到包膜机上,然后启动包膜机,使用专用拉伸膜进行包裹。包膜机的包膜圈数以 22 ~ 25 圈为宜,确保饲草被包裹至少两层。

包膜完成后,将制作好的包膜草捆堆放在鼠害少、避光、牲畜触及不到的地方,堆放层数不应超过三层。在堆放过程中,如发现包膜有破损,应及时用胶布粘贴以防止漏气。

包膜青贮饲草经过 50d 的发酵后即可开启使用。在取用包膜青贮饲草时,沿包裹反方向撕开外面的塑料膜(最好不要剪断,以便旧物利用),剪开里面的网或绳,取出青贮饲草即可。取喂量应根据家畜的饲养量确定,以确保当天喂完。

4.3.2.5 氨化饲料

(1)氨化池的建造。为了制作氨化饲料,需要选择一个向阳、背风、地势较高、土质坚硬、地下水位低的地方建造氨化池。氨化池的形状可以是长方形或圆形,大小取决于计划氨化的秸秆数量。一般来说,每立方米的氨化池可以容纳大约 100kg 的切碎并风干后的秸秆。在挖好池后,可以用砖或石头铺设底部,并砌好四壁,最后用水泥抹平表面。

(2)原料的处理。首先,需要将秸秆粉碎或切成 2 ~ 3cm 的小段。接着,将按照秸秆重量的 3% ~ 5% 的比例,用温水将尿素溶解成溶液。温水的用量取决于秸秆的初始含水量,通常将秸秆的含水量调整到约40%。在一般情况下,每 100kg 的秸秆大约需要 30kg 的温水。

(3)储存过程。将配置好的尿素溶液均匀地喷洒在秸秆上,边喷洒边搅拌,或者在装填一层秸秆后均匀喷洒一次尿素水溶液,同时用脚踩实。当池子装满后,用塑料薄膜覆盖池口,并用土覆盖四周以确保密封。

(4)保存与取用。经过一段时间的氨化处理后,可以打开垛堆晒干秸秆,待剩余的氨味挥发后就可以使用了。如果需要保存,可以重新堆垛,或者保持原状不动,也可以晒干后在室内保存。但无论哪种方式,都应注意保存期限一般不超过 6 个月,并且要避免雨淋以防发霉。在从氨化池取料时,应该从池的一端横断面按垂直方向自上而下切取,不应全面打开或掏洞取料。每次取用的量应以 2 ~ 3d 的饲喂量为宜,取料后要将池口封严,以防止饲料变质腐败。如果是用氨化炉处理的秸秆,其保存期限一般为 1 个月。

4.4　肉牛饲养管理技术

4.4.1 肉牛的饲养标准和日粮配合

4.4.1.1 饲养标准

1. 饲养标准的概念

饲养标准,其实是在大量科学实验与生产实践的基础上,根据畜禽在不同生理状态(如生长、泌乳等)、不同体重和不同生产水平,科学规定每头每天应摄取的能量和其他各类营养物质的量。这些标准通常以表格形式呈现,为我们提供了饲养畜禽的明确指导。这些标准的制定离不开深入的饲养试验、消化试验、代谢试验和屠宰试验等,通过对这些试验数据的处理和分析,能够得出不同条件下畜禽对能量和各种营养的需求。这些数据经过生产实践的检验和调整,最终形成了一套完整的数据体系,为我们提供了饲养畜禽的科学依据。

2. 饲养标准中的各项指标

这里重点介绍肉牛的饲养标准,它以美国国家研究委员会(简称NRC)发布的第 6 版《肉牛营养需要》为基础。肉牛的饲养标准指标包括五个方面。

(1)每日干物质需要量,指在一定体重和日增重条件下,每头牛每天所需摄取的干物质数量。

(2)蛋白质需要量,包括蛋白质的摄入量和饲料干物质中蛋白质的百分比。

（3）能量需要量,主要通过代谢能、维持净能、增重净能和总消化养分等指标来衡量。

（4）矿物质需求也是重要的一部分,特别是钙和磷,这两种元素在构成牛只骨骼和牙齿方面起着关键作用。

（5）其他营养物质的需求,如维生素和微量元素等。

4.4.1.2 日粮配合

在肉牛育肥期间,粗纤维的最低需要量应占干物质的6%。为了满足这一需求,必须搭配粗饲料,其用量通常为精饲料的10% ~ 15%。以下提供的配方主要是精饲料的组合,实际应用时,需按照标准适量添加粗饲料。

①号配方包括:青干草占40%、麸皮占15%、苞谷占25%、骨粉占2%、蚕豆占10%、食盐占3%以及菜籽饼占5%。

②号配方包括:玉米占10%、青干草占5%、高粱占19%、骨粉占2%、豆糠占52%、食盐占3%、菜籽饼占9%,此外,每头牛每天还需额外添加50g尿素。

③号配方包括:玉米占35%、青干草占20%、杂粮占35%、豆饼占10%,并额外添加2%的碳酸钙和1%的食盐。

④号配方包括:豆糠占40%、豆饼占12%、玉米占15%、碳酸钙占2%、大麦占25%、食盐占1%以及鱼粉占5%。

⑤号配方包括:干草粉占15%、玉米占30%、杂糠占30%、豆饼占25%,并额外添加2%的骨粉和1%的食盐。

这些配方都旨在满足肉牛在育肥期的营养需求,同时考虑到成本、消化生理和饲料卫生等因素,确保肉牛的健康成长和高效生产。

4.4.2 种公牛的饲养管理

4.4.2.1 种公牛的饲养

种公牛的营养需求具有独特性,因此,为其配制的日粮应全面且均衡,混合多种不同类型的饲料,以确保其口感佳且易于消化。在日粮的配比中,应特别重视精料与粗青饲料的合理搭配,其中精料应以富含高质量蛋白质的饲料为主,通常建议精料占日粮总量的 50% 左右。

为了确保种公牛的健康与活力,日粮中应确保充足的胡萝卜素、维生素 E 和维生素 C 等营养素的供应。在粗料的选择上,应优先选用优质的草料,避免使用劣质秸秆等粗料。

4.4.2.2 种公牛的管理

1. 种公牛的特性概述

(1)种公牛拥有出色的记忆力。它们能够精准地记住接触过的人和事物,比如兽医或曾经鞭打过它们的饲养员等。因此,为了确保它们的稳定情绪,最好不要随意更换饲养员,并且避免对它们进行体罚。在日常管理中,可以通过喂食、刷拭等温和的方式进行调教。

(2)种公牛在性反应方面表现出强烈的特征。它们在采精时,勃起反射、爬跨反射、射精反射都极为迅速。因此,在采精前必须做好充分的准备工作,确保技术人员操作熟练,且采精工作要按时进行,以免因准备不足或操作不当造成麻烦。

(3)种公牛具备强烈的防卫反射。它们拥有很强的自卫能力,所以种公牛舍应选址在人员活动频繁、能够经常见到人的地方,舍内还应设置必要的安全设施,以确保人员和牛只的安全。

2. 种公牛的管理要点

(1)拴系管理。种公牛在 8 ~ 10 个月大时,需要穿鼻环并进行拴系,拴系必须牢固可靠,以防止公牛伤人或发生顶撞事件。

(2)牵引技巧。在牵引公牛时,人与牛之间应保持适当的距离。对于性情温顺的公牛,可由一人进行牵引;对于性情暴躁的公牛,则需要两人合作,分别从左右两侧进行控制,以确保牵引过程的安全。

(3)运动安排。为了防止公牛过肥,每天上午和下午各安排一次运动,每次持续 1.5 ~ 2h,有助于保持公牛的身体健康和体型适中。

(4)刷拭与洗浴。每天对公牛进行 1 ~ 2 次的刷拭,重点部位包括角间、额头、颈部、尾根部等。刷拭时手法要轻柔,避免弄痛公牛。夏季还应进行适当的按摩和洗浴,以促进公牛的血液循环和皮肤健康。

3. 种公牛的合理利用

公牛开始采精的年龄约为 1.5 岁,开始时每月采精 1 ~ 2 次,成年后可增加至每周 4 ~ 5 次。但切忌连续多日进行采精,以免对公牛的身体健康造成不良影响。

4.4.3 繁殖母牛的饲养管理

4.4.3.1 空怀母牛的饲养管理

在饲养过程中,若给予母牛过多的精料且缺乏足够的运动,往往会导致其体型过肥,进而引发不发情的问题,这在肉用母牛中尤为常见。然而,如果饲料不足导致母牛瘦弱,同样会影响其发情和繁殖能力,特别是在干旱或草畜比例失调的地区,这种情况更为普遍。

母牛空怀的情况应针对不同原因进行处理。先天不孕通常是由于生殖器官发育异常,这种情况较为少见,可通过育种工作加以解决。后天性不孕则多是由于营养缺乏、饲养管理不当或生殖器官疾病所致,需要通过改善饲养管理条件来解决。

4.4.3.2 妊娠母牛的饲养管理

为了确保母牛的安全,配种受胎后应单独饲养,避免与其他牛争抢饲料或发生碰撞而导致流产。圈舍应保持清洁干燥,牛体应经常刷拭以保持卫生,并适当进行运动。在怀孕的前 7 个月,母牛可以正常劳作,但工作强度不宜过大,避免急转弯或转圈的活动。产前两个月,由于腹部明显增大,活动不便,应减轻或停止劳作。即使没有劳作任务的孕牛,也应每天进行牵遛或自由活动。

在管理孕牛时应避免两种极端情况:一是过度劳作,二是过度娇养。在一些养牛较少的农村地区,多家共用一头牛进行劳作的情况较为普遍,这容易导致劳作不当或过度劳作而引发流产,因此需要格外注意。另外,如果孕牛长时间被拴在槽上或场院里,缺乏适当的活动,可能会导致妊娠浮肿、肌肉松弛、分娩困难、胎衣不下、恶露排不净以及子宫松弛等问题。长期不活动的孕牛身体素质下降,偶尔劳作或脱缰奔跑时更容易发生流产。因此,合理的管理和适当的运动对于孕牛的健康和胎儿的发育至关重要。

4.4.3.3 日泌乳母牛的饲养管理

(1)分娩前后的精心照料。临近分娩期的母牛应停止放牧和劳作,确保它们摄入营养丰富、品质上乘且易于消化的饲料。为了保障母牛的安全与舒适,建议在产前半个月将其移至专门的产房,并安排专人进行饲养和监护。一旦观察到临产的征兆,如乳房迅速发育、阴唇松弛肿大、阴门流出透明黏液等,应准备接产工作。由于饲养管理、品种、胎次和个体之间的差异,这些征兆可能不完全一致,因此,必须结合母牛的具体情况,全面观察,综合判断。

(2)泌乳期母牛的精细饲养管理。泌乳期母牛的采食量和营养需求达到生理阶段的最高水平。热能需求增加 50%,蛋白质需求加倍,钙、磷需求增加 3 倍,维生素 A 需求增加 50%。为了确保母牛获得充足的营养,应为其提供优质的青草和干草。豆科牧草是母牛蛋白质和钙质的良好来源。同时,为了满足母牛对维生素的需求,应多喂青绿饲料,冬季可加喂青贮料、胡萝卜和大麦芽等。母牛分娩后的最初几天,体力尚未完全恢复,消化机能较弱,因此应给予易消化的日粮。粗料以优质干草为主,精料可从小麦麸开始,每日 0.5 ~ 1kg,逐渐增加,并加入其他饲料。3 ~ 4d 后,可转为正常日粮。在母牛产后恶露排净之前,不可喂给过多精料,以免影响生殖器官的复原和产后发情。从产后 15d 开始,母牛可逐渐进行轻度劳作,之后逐渐增加工作量。一般而言,母牛在产后 30d 可恢复正常劳作。但为了确保母牛的正常泌乳,劳作强度不宜过大。

4.4.4 肉用犊牛的饲养

4.4.4.1 新生犊牛的处理

处理新生肉用犊牛的方式,与新生乳用犊牛的处理方式大体相似。通常,肉用犊牛身上的黏液应由母牛自然舔食,避免人为的擦拭,这样有助于增强母牛与犊牛之间的亲密感,促进自然哺乳的过程。若遇到个别母牛不愿意舔食的情况,可以在犊牛身上撒上一些麸皮,作为诱导,促使母牛进行舔食行为。

4.4.4.2 随母哺乳,过好"哺乳关"

为了确保犊牛能够尽快摄取到宝贵的初乳,需要在犊牛出生后不久便引导其站立,并促使其尽快吸吮亲生母亲的初乳。理想情况下,犊牛应在出生后 0.5 ~ 1h 内开始吸乳,最迟也不应超过 2h。在少数情况下,若母牛拒绝让犊牛吸奶,可以采取将母牛的后腿拴住的方法,以防其踢伤犊牛。在犊牛吸奶的过程中,可以通过在母牛身上轻轻抓痒并发出口令的方式,转移其注意力,经过几次训练后,母牛通常会逐渐适应给犊牛哺乳的行为。

在自然哺乳的过程中,需要仔细观察犊牛的吸乳表现。若犊牛频繁地顶撞母牛的乳房,并吞咽次数并不多,这可能意味着母牛的乳量不足,犊牛未能得到足够的食物,此时应增加对母牛和犊牛的补饲量。相反,若犊牛在吸吮一段时间后,其口角出现白色泡沫,并且吸吮动作开始减缓,这通常表示母乳充足,此时应适时地将母牛牵走,防止犊牛因过度进食而导致消化不良。

4.4.4.3 及早补饲

肉用母牛的产乳量通常较为有限,而肉用犊牛在生长初期速度较快,因此,仅仅依赖母牛的乳汁来喂养犊牛,是无法满足其迅速发育所需的营养的。所以,在犊牛哺乳的初期阶段,补饲工作就显得尤为重要。

从犊牛一周大开始,就应在牛栏的草架内放置优质的干草,比如豆科青干草等,来引导犊牛自由采食。这样做有助于促进犊牛的瘤胃和网胃的发育。

在犊牛出生后 10 ~ 15d,就开始训练它采食精料。起初,每天只需喂给干粉料 10 ~ 20g,随着犊牛的成长,这个量会逐渐增加。到一个月大时,犊牛每天可以采食 150 ~ 300g 精料;两个月大时,增加到 500 ~ 700g;三个月大时,可达到 750 ~ 1000g。这些精料必须含有高蛋白且易于消化,同时还需添加必要的维生素和矿物质,确保其营养均衡,口感良好。犊牛补充料的配方会根据其主要食物来源有所调整,但总体上应保证各种营养成分的平衡。围栏的大小应根据犊牛的数量来确定,一般进口宽度为 40 ~ 50cm,高度为 90 ~ 100cm。

从犊牛两个月大开始,可以逐步引入青贮饲料,每天喂给 100 ~ 150g;三个月大时增加到 1.5 ~ 2kg;四到六个月大时则喂给 4 ~ 5kg。需要注意的是,应确保青贮饲料的品质优良,避免使用酸败、变质或冰冻的青贮饲料来喂犊牛。

4.4.4.4 合理断乳

在断乳初期,可以逐渐减少母牛和犊牛共处的时间和频率,让犊牛留在原处,而定时将母牛牵走。此外,对于自然哺乳的母牛,可以在断乳前一周停止喂精料,只提供优质的粗料,这样有助于减少其泌乳量。对于刚断乳的犊牛,应格外关注其饲养情况,确保其在断乳后的两周内,日粮与断乳前保持相似。这段时期日粮中的精料应占 60%,同时粗蛋白的含量不低于 12%,以满足其生长发育的需要。

4.4.4.5 加强护理,预防疾病

在犊牛的饲养过程中,每天定期为牛体进行刷拭是一项重要的工作,同时,还需要密切关注犊牛的食欲、精神状态以及粪便情况,一旦发现任何异常,应立即采取相应的处理措施。例如,腹泻和肺炎是犊牛最容易患上的疾病,可以给犊牛添加 1% 的干酵母,以帮助其更好地消化食物。此外,恶劣天气条件下,应减少犊牛的户外活动时间,而在天气良

好的时候,则应让犊牛多进行户外活动,以增强其抵抗疾病的能力。同时,也要做好防寒保暖工作,防止犊牛因受凉而感冒。通过这些措施的实施,我们可以为犊牛提供一个良好的生长环境,确保其健康成长。

4.4.5 肉牛育肥饲养

4.4.5.1 肉牛的肥育方法

主要利用荒地、草原等自然资源放牧来肥育肉牛,同时辅以少量精料,这是一种在许多国家和地区广泛采用的方法。从饲料利用效率的角度来看,肉牛年龄越小,每增加 1kg 体重所需的饲料就越少。随着年龄的增长,饲料消耗也相应增加,即饲料报酬率随年龄增长而下降。因此,对于 18 月龄之前的肉牛,通常采取全年在设有围栏的放牧地进行轮牧的方式,犊牛则随母牛哺乳。放牧过程中,一般会先选择草地条件较差的地方,然后逐渐转移到条件较好的草地或人工草地进行肥育。此外,还会补充一些块根类饲料或优质干草。当犊牛满 18 个月龄,体重达到400 ~ 450kg 时,即可进行屠宰。

4.4.5.2 肉牛的肥育饲养

(1)犊牛的肥育饲养。犊牛的肥育主要依赖于舍饲方式进行。在犊牛的前 4 周龄,其饲养管理与乳用犊牛保持一致。从 5 周龄开始,除了常规的饲养,还需额外补充草料。在选择草料时,倾向于使用优质的青粗饲料,让犊牛自由采食,以满足其生长需求。对于精料,则要求其易消化且能量含量高的,以支持犊牛的高效肥育。犊牛在肥育期间的日粮组成可以参考表 4-2 的建议进行搭配。

表 4-2　犊牛在肥育期的日粮组成　　　　　（单位：kg）

周龄	体重	日增重	喂奶量（全乳）	混合料量	青草或青干草
0 ~ 4	40 ~ 59	0.6 ~ 0.8	5 ~ 7	—	—
5 ~ 7	60 ~ 79	0.9 ~ 1.0	7 ~ 7.9	0.1	—
8 ~ 10	80 ~ 99	0.9 ~ 1.1	8	0.4	自由采食
11 ~ 13	100 ~ 124	1.0 ~ 1.2	9	0.6	自由采食
14 ~ 16	125 ~ 149	1.1 ~ 1.3	10	0.9	自由采食
17 ~ 21	150 ~ 199	1.2 ~ 1.4	10	1.3	自由采食
22 ~ 27	200 ~ 250	1.1 ~ 1.3	9	2.0	自由采食
合计	250	210	1 620	171.5**	折合干草 150

在犊牛 4 周龄前，为了促进健康，可允许其在室外进行适量的运动。然而，从 5 周龄开始，为了减少能量的消耗，应尽量减少犊牛的运动量，这时可以采用拴系饲养的方式。在肥育期间，犊牛每天应喂食三次，并确保其能够自由饮水，以满足其生长和发育的需求。

经过大约 180 ~ 200d 的肥育期，当犊牛的体重达到约 250kg 时，便可以考虑结束肥育期，使其出槽，准备进一步的处理或销售。

（2）育成牛的肥育饲养。如果草场条件优越，也可以采用放牧与补饲相结合的方式，但需注意控制放牧的范围。一般情况下，精料每天会定时、定量地喂给两次，而粗饲料则让牛自由采食。饮水也是自由的，冬季水温需保持在 20℃以上，夏季则提供凉水。我国的本地牛种以及早熟易肥的肉用牛种可能并不适合这种肥育方法。这种方法对精料的消耗较大，平均每头牛出栏需要消耗约 1800kg 的粗料，每公斤增重则需要 4 ~ 6kg 的精料。

（3）成年牛的肥育饲养。肥育成年牛主要采用舍饲或前期放牧、后期舍饲相结合的方式。在肥育过程中，主要目标是增加脂肪沉积，因此饲养重点应放在提供高能量的饲料上。精料的供给量应占成年牛体重的 0.8% ~ 1.0%，同时要特别注意选择口感好、营养丰富的青粗饲料。一般情况下，经过 2 ~ 3 个月的肥育，当牛只达到满膘状态时应及时出槽。对于公牛，建议在肥育前 10d 进行去势处理，以提高肥育效果。

第 5 章

肉羊养殖及疾病防治技术

本章主要从生态羊场的规划与建设、日粮配制、品种与繁殖、生态养殖、肉羊常见疾病的防治等方面对肉羊养殖及疾病防治技术展开详细叙述与分析。

5.1 生态羊场的规划与建设

5.1.1 羊场的规划与布局

羊场内部的空间规划,对羊群的生活环境、健康保障以及牧场的工作效率都起着至关重要的作用。为了实现最佳的管理和效率,需要对不同功能区进行合理地设计与安排。

5.1.1.1 规划布局原则

(1)应遵循地方畜牧业的整体规划,确保在满足牧羊需求的同时,尽量减少土地使用。

(2)要充分利用牧场的自然地形,优化通风和采光条件,从而控制建设成本。

(3)结合地形、水流和风向特点,为人员活动区、羊群放牧区和污染物处理区制定科学的布局。

(4)要根据日照情况,科学确定羊圈的方向,确保其获得良好的采光与保温效果。

(5)为牧场预留适当的扩展空间,特别是针对生产核心区域,应制定周密的规划。

(6)牧场设计需严格遵守动物卫生及消防安全的相关法规。

(7)为了提升工作效率,减轻工作人员的劳动负担,应根据各建筑的功能联系进行合理布局,确保建筑之间既紧凑又高效,最大化节约土地资源。

5.1.1.2 各种建筑物的分区布局

在规划羊场整体布局时,通常会将其划分为行政区、员工生活区、饲料制备区、养殖生产区以及疫病隔离区,并将功能相似的建筑物集中布局,以便于管理和运作。在布局过程中,要全面考虑卫生防疫需求和生产流程的便利性。通常,员工生活区会被安排在通风较好的高地,并且处于整个场区的边缘位置。饲料制备区则主要负责饲料的加工与存储,其位置应紧邻养殖生产区,以便于饲料的及时供应。

养殖生产区是羊场的核心部分,它通常位于员工生活区的下风向。应根据当地的主导风向,按照成年羊栏、成长羊栏、小羊栏、产羔室的顺序进行布局,以防止成年羊对小羊造成潜在的疾病传播。这个区域主要包括羊栏、配种室等必要设施。进入该区域前,必须通过一个消毒通道和消毒池,以确保区域的生物安全。同时,该区域的中心会设立水、电、热力供应设施。每个羊栏的一侧都设有专用的排泄物通道,用于及时清理羊粪和其他污染物,而人员和小羊饲料则有另外的专用通道,以避免与排泄物通道重叠。

疫病隔离区则包括病患动物的隔离栏、兽医诊疗室以及污染物处理设施等。这个区域被安排在场地的低洼处或下风位置,与生产区和生活区保持 100 ~ 300m 的距离。该区域有独立的通道与外界连接,并且实行严格的进出消毒措施。为了优化自然采光、通风条件以及缩短运输距离,羊栏会按照整齐平行的方式排列。如果羊栏数量较多,会采用两行排列的方式;数量较少的,则采用单行排列。

5.1.2 羊舍类型及构造

5.1.2.1 羊舍建造基本要求

在选择羊舍的建造地点时,应考虑选择那些干燥、地势平坦且开阔、冬季能保暖而夏季能保持凉爽的地方。在构建羊舍时,常用的材料包括砖瓦、水泥、木材以及钢结构等。在湿度较大的地区,建议使用砖瓦和水泥来打造地基,而羊舍的顶部则可以选择木质或钢结构的材料。羊舍的地面有多种选择,包括土质、砖砌、水泥以及漏缝地板等类型。土质地面,尤其是采用三合土材质的,其特点是质地柔软、保温效果好且成本低,但它的使用寿命相对较短,需要定期维护,特别是在雨季,土质地面容易变得潮湿。砖砌地面则较为坚硬、耐磨,但清洁起来较为困难,容易积聚粪便和污垢,从而影响羊舍的清洁卫生。水泥地面非常坚固且易于清扫,但由于其硬度高和导热性强,不利于保温。此外,水泥地面不渗水,可能导致地面潮湿,使羊舍在冬季感觉更加阴冷。因此,在水泥地面的羊舍内,最好为羊群铺设垫料或设置专门的卧床区域,特别是对于怀孕的母羊和小羊来说更为重要。目前,集约化的羊场普遍采用漏缝地板,这种地板与粪污处理设备配合使用,可以有效地防潮,并能及时清理粪污,从而节省人力。然而,其造价相对较高。

5.1.2.2 各类羊群所需面积

羊群的饲养面积需求因其发育阶段和生产用途的不同而有所差异。在饲养空间充裕的情况下,可以适当降低饲养密度;但在资源有限的情况下,必须避免饲养密度过高,以免引发一系列问题,如羊舍内湿度增加、空气质量下降,甚至导致妊娠羊流产和羔羊存活率下降。通常,根据羊的用途,可以将它们分为四个主要群体:种公羊、未孕母羊、怀孕或哺乳母羊以及商品羊。这四个群体对饲养面积的需求各不相同,具体可参考表5-1。

表5-1 不同群体羊所需面积

羊群	面积/(m²/只)
种公羊	1.2 ~ 2.0
未孕母羊	0.8 ~ 1.0
怀孕或哺乳母羊	2.0 ~ 2.3
商品羊	0.6 ~ 0.7

5.1.2.3 羊舍类型

不同类型的羊舍会形成截然不同的饲养环境,可以根据不同的标准对羊舍进行分类。

根据墙壁和顶棚的封闭程度,羊舍可以分为封闭型、半开放型和开放型三种。封闭型羊舍拥有完整的墙壁和顶棚,因其保温效果出色,特别适合寒冷的北方地区;半开放型羊舍至少有一面无墙或只有矮墙,其保温性稍差但通风良好,是我国广泛采用的羊舍类型;开放型羊舍只有顶棚,没有墙壁,非常适合炎热的地区,且建设成本较低。

根据羊舍内部构造,可分为单坡式、双坡式、楼式、钟楼式、棚舍结合式和暖棚式等类型。

（1）单坡式羊舍。通常跨度在 50 ~ 60m,宽度为 6.0 ~ 8.0m。其背光侧是饲料通道,向阳侧是羊的休息区,与外部的运动场相连。运动场的围栏高度为 1.2 ~ 1.5m,面积通常是羊舍的 1.5 ~ 2 倍。

（2）双坡式羊舍。跨度也为 50 ~ 60m,但宽度为 10.0 ~ 12.0m。中央是饲料通道,两侧为羊的休息区,采用对头饲养的方式。羊舍内有一个 1.5 ~ 2.0m 宽的走廊。封闭式的这种羊舍两侧都设有窗户以增强通风。运动场的围栏和运动场的面积与单坡式相同,羊舍的门通常宽 1.5m、高 2m,便于羊群出入。

（3）楼式羊舍。主要建在多雨的南方地区,以避免潮湿。羊的休息区通常用竹板或木条搭建,距离地面高 1.5 ~ 1.8m,下方用于存储粪污。这种羊舍通风良好,能防湿和避暑。

（4）钟楼式羊舍。舍顶设计为钟楼造型,两侧有通风口,夏季可以打开排热,冬季可以关闭保暖,兼具通风和保温的优点。

（5）棚舍结合式。有两种主要类型。一种是三面有墙、一面开放的羊舍,开放面朝向阳光,有助于采光和取暖;另一种是三面有墙,向阳面有矮墙的羊舍,矮墙高度在 1.0 ~ 1.2m。这两种类型的保温性都相对较差,更适合温暖地区使用。羊群通常在运动场休息,只有在恶劣天气下才会进入棚内。

（6）暖棚式羊舍。基于棚舍结合式的设计,在向阳侧增加了一个高约 1.2m 的矮墙,与房檐之间用木棍或竹竿支撑,并覆盖塑料膜进行保温。这种羊舍在北方寒冷地区非常适用,能有效提升舍内温度。但需要注意及时通风,以保持空气清新。

5.1.2.4 羊舍结构及要求

（1）羊舍设计的基本参数。

①羊舍与活动场地的规模。根据养殖的羊群数量、种类及其管理方式,可以确定羊舍的大小以及户外活动场所的范围。

②羊舍的宽度与深度。为了确保舍内空气的良好流通,羊舍的宽度通常不建议过宽,尤其是对于有窗户自然通风的羊舍,其宽度维持在

6 ～ 9m 是比较理想的。羊舍的深度虽然没有硬性的规定,但为了方便设备安装及日常操作,深度建议在 50 ～ 80m。在确定羊舍的宽度和深度时,不仅要考虑羊群的活动空间,还要考虑到日常生产管理所需的额外空间。

③羊舍的高度。羊舍的高度取决于当地的气候条件。在气候不太炎热且羊舍宽度适中的地区,羊舍从地面到顶棚的高度大约为 2.5m。在气候炎热的地区或羊舍宽度较大的情况下,羊舍的高度可能需要增加到 3m 左右,以提高通风效果。在寒冷的地区,为了保持舍内温暖,羊舍的高度可以适当降低到 2m 左右。

④入口与窗户的设计。通常羊舍的大门宽度在 2.5 ～ 3m,高度在 1.8 ～ 2m,设计为双扇门,这样可以方便大型车辆进入清理羊粪。一般来说,每 200 只羊需要设置一个大门。在寒冷的地区,为了保持舍内的温暖,应在确保足够采光和通风的前提下尽量减少大门的数量,同时可以在大门外加装一道保温门。窗户的宽度通常在 1 ～ 1.2m,高度在 0.7 ～ 0.9m,而窗台距离地面的高度则在 1.3 ～ 1.5m。

（2）羊舍的基本要求。

①地面设计。羊的休息、活动和排泄都集中在地面,因此地面的舒适度与卫生状况对羊的健康至关重要。羊舍地面主要分为两种:实地面和漏缝地面。实地面根据建材差异,可分为夯实黏土、三合土(由石灰、碎石和黏土以 1 : 2 : 4 的比例混合而成)、石质地面、水泥地面、砖地面以及木质地面等。黏土和三合土地面在价格上较为经济,且易于翻新,但黏土地面容易受潮,不便于消毒,更适合干燥地区。石质和水泥地面虽然便于清扫和消毒,但保温性差、质地过硬。砖地和木质地面则具有良好的保暖性和便于清洁消毒的特点,但成本相对较高,更适合寒冷地区。漏缝地面则为羊提供了干燥的休息环境,现已在大型养羊场中得到广泛应用,并常配备自动清粪设备以提高效率。

②墙体构造。羊舍的墙体必须坚固、耐用,能抗震、防水、防火,同时要易于清洁和消毒。墙体的结构设计和材料选择需根据当地气候和羊舍类型来定。在温暖地区,可以选择构造简单的棚舍或半开放式羊舍;在寒冷地区,墙体则需要有良好的隔热能力,如使用加厚墙、空心砖墙,或者在墙体中加入隔热材料如稻糠、麦秸等。

③屋顶与顶棚设计。屋顶的设计需兼顾防水、保温隔热和承重三大功能。可用的材料包括彩钢板、陶瓦、石棉瓦、木板、塑料薄膜和油毡等,

国外也有使用金属板的案例。屋顶的形式多样,常见的有双坡式、单坡式、平顶式、联合式、钟楼式和半钟楼式等。选择哪种形式取决于羊舍的具体情况和当地气候条件。在寒冷地区,为了增强保温效果,还可以加装顶棚,并在其上储存冬季草料。

④运动场地规划。对于"一"字形排列的羊舍,运动场通常设在羊舍的南面,地面略低于羊舍并稍微向南倾斜,以便排水和保持场地干燥。运动场的土壤以砂质壤土为佳,周围应设有高度在 1.5 ~ 1.8m 的围栏。

5.2 日粮配制

5.2.1 肉羊日粮配制原则

为肉羊调配日粮的核心目标是确保各种营养需求得到满足,无论其品种、生长阶段、生产目标或生产水平如何,旨在最大化生产性能和羊肉品质。为实现这一目标,需要遵循以下策略来配制日粮。

5.2.1.1 原料多样化

由于每种饲料都有其独特的营养成分,没有一种饲料能够满足肉羊的所有营养需求。因此,在调配肉羊日粮时应广泛考虑当地的饲草和饲料资源。选择口味佳、来源广泛、数量充足、营养丰富且成本效益高的原料。同时,应充分利用农作物残余、农副产品以及加工副产物,以降低饲养成本并提高经济效益。重要的是,要避免使用变质或含有害物质的饲料。

5.2.1.2 选择合适的饲养标准

为不同品种、不同生长阶段的肉羊选择合适的饲养标准是非常重要的。可以参考国内外各种饲养标准,如美国的 NRC、法国的 AEC 或国内的相关标准。此外,我国农业农村部发布的《肉羊饲养标准》也为不同年龄和生理阶段的肉羊提供了详细的营养需求建议,这对于日粮调配非常有价值。灵活应用这些标准,并深入理解饲料特性和肉羊的营养需求,可以有效提高养殖效益。

5.2.1.3 原料合理搭配

肉羊在不同生长阶段对日粮的需求是不同的。例如,哺乳期的小羊由于瘤胃尚未完全发育,对粗纤维的消化能力有限,因此其日粮中的粗纤维含量应适中。成年羊的瘤胃已经发育成熟,可以消化高纤维的粗饲料。因此,在调配日粮时,应以青饲料和粗饲料为主,再根据肉羊的具体需求,合理添加精饲料。对于不同生理阶段和生产目标的肉羊,其日粮组成也应有所不同。

5.2.1.4 规范使用饲料添加剂

饲料增强剂虽然在日粮中的用量很少,但其作用非常显著。它们可以有效地强化基础饲料的营养价值,提高肉羊的生产性能,确保其健康,并改善羊肉的品质。然而,在使用这些增强剂时必须严格遵守相关的安全使用规范,并避免使用任何违禁产品。

5.2.2 肉羊全混合日粮配制与加工

全混合饲养法最初是为奶牛设计的,但如今在规模化的肉羊饲养场中也得到了广泛应用。对于肉羊,全混合日粮策略意味着根据其不同的生长周期和生产目标,先精心设计出包含能量、粗蛋白、粗纤维、矿物质以及维生素等全方位营养的日粮计划。然后,依据这一计划使用特别的全混合日粮搅拌设备,将粗饲料和精饲料进行彻底的混合,以制作出完整的日粮。对于没有条件购买昂贵专用设备的小型羊场或个体农户,他们也可以选择使用简单的搅拌机,或者通过人工方式,将已经粉碎的粗饲料和配制好的精饲料进行混合,再进行喂养。

为了确保饲料的均匀混合,使用全混合饲养技术加工时,需要按照一定的原料投放原则进行,即先长纤维后短纤维、先干燥后湿润、先轻质后重质,或者也可以遵循先干燥后湿润、先粗糙后精细、先低密度后高密度的顺序。投放顺序可能会因混合机的类型而异。例如,立式混合机通常要求先放粗糙饲料后放精细饲料,按"干草—青储饲料—残渣类饲料—精细饲料"的顺序投放;卧式混合机则要求先精细后粗糙,投放顺序为"精细饲料—干草—青贮饲料—残渣类饲料"。

(1)准确掌握原料营养成分。为科学地调配肉羊的全湿混合饲养配方,必须要精确掌握各种饲草和饲料原料的营养成分及其价值。在制定配方前,应查阅相关资料,了解原料的营养成分。有条件的养殖场在加工前还会对原料进行营养成分测定,以提高配方的针对性和精确性。

(2)科学设计日粮配方。根据肉羊的品种、性别、年龄和生理阶段,结合已知的各种饲料原料的营养成分,科学地设计饲养配方。大型养殖场应根据不同生产阶段的肉羊群体,如断奶小羊、怀孕母羊、哺乳母羊和育肥羊等,设计多种适应不同营养需求的全湿混合饲养配方。规模较小的养殖场或农户,由于羊群数量较少,可以设计一个基础配方,然后根据每个阶段的营养需求额外添加精细或粗糙饲料。

(3)合理控制原料水分含量。为提高饲料的混合均匀度和黏附性,全湿混合饲养的水分通常控制在 40% ~ 50%。夏季饲养时,可以适当提高水分含量。水分过低会导致精细饲料不易黏附在粗糙饲料上,影响混合效果;水分过高则会降低干物质含量,影响肉羊的摄食量。

(4)准确称量、顺序投料。为确保混合机的混合效果,每批原料的投放量应超过 20kg。对于投放量少于 20kg 的原料,应先进行预混合。所有原料都必须按照设计配方的要求精确称量。投放顺序也很重要,应严格按照加工要求的顺序进行。

(5)合理控制混合时长。混合时间对饲料的混合均匀度有显著影响。通常在最后一种原料加入后,再混合 5 ~ 7min。混合时间过短会导致原料混合不均匀,时间过长则会使饲料过细,影响肉羊的瘤胃酸碱度,甚至引发营养代谢疾病。

(6)合理选择全混合日粮机械。市场上的全湿混合饲养机械有多种类型和规格,应根据养殖场的规模、饲料种类、机械化水平和混合均匀度要求等因素进行选择。同时,还应考虑机械的能耗、使用寿命和售后服务等因素。

5.2.3 颗粒饲料加工技术

颗粒饲料因其多种优势,如高密度、小体积、便于储运、良好的口感、可防止挑食、减少浪费、提高饲料利用率以及全面的营养价值,而在肉羊饲养中越来越受欢迎。随着肉羊养殖业的集约化和规模化发展,颗粒饲料的应用日益广泛,特别是在肉羊育肥方面。这种饲料的使用还推动了智能化自动饲喂系统的发展,预示着肉羊养殖的未来趋势,将大幅提升养殖的集约化和智能化水平。

在肉羊生产中,常见的颗粒饲料有以下几类。

(1)草颗粒饲料。这种颗粒的体积仅为原料干草的1/4,非常方便储存和运输。同时,其投喂便捷,可通过撒料车或自动化饲喂系统进行,为肉羊的集中养殖提供了便利。制作这种颗粒的关键在于调节原料的水分含量。豆科饲草最佳含水量为14%～16%,而禾本科饲草最佳含水量为13%～15%。制作方法是将水分含量适中的农作物秸秆、牧草、农副产品等粗饲料粉碎后,通过制粒机加工成颗粒,其长度在1.5～2.5cm。

(2)精饲料颗粒料。传统的肉羊精饲料是由玉米、麸皮、豆粕、食盐和预混料等按一定比例混合制成的,可直接饲喂或用于制作全混合日粮。借鉴猪禽饲料加工技术,现在肉羊的精饲料也逐渐采用颗粒形式。主要以玉米为原料经粉碎后,通过制粒机挤压成颗粒,这种方式可以减少饲料浪费,并防止羊挑食。

(3)全价颗粒饲料。这种颗粒饲料是根据不同生长阶段的肉羊的营养需求,将草粉和精饲料按一定比例混合后制成的。通常先将粗饲料和玉米粉碎,然后根据日粮配方将各种原料混合均匀,最后通过制粒机挤压成颗粒。这种饲料既能满足肉羊对粗纤维的需求,也能提供其他必需的营养成分,确保日粮配方的精确实施,减少饲喂时间,提高肉羊的采食速度,因此在肉羊养殖,特别是育肥羊的养殖中得到了广泛应用。

5.3 品种与繁殖

5.3.1 肉羊的品种

5.3.1.1 波尔山羊

波尔山羊,源自南非的一种出色的肉用山羊品种。因其卓越的肉用特性、广泛的适应性以及高度的经济价值,此品种已被非洲多国以及新西兰、澳大利亚、德国等地广泛引进。自1995年我国从德国首次引入波尔山羊后,它已在国内多个地区如江苏、山东等得到繁衍,并通过纯种繁殖逐渐扩展到周边地区。

5.3.1.2 杜泊绵羊

杜泊绵羊,诞生于有角陶赛特羊与波斯黑头羊的杂交。原产于南非的干旱地区,它以其卓越的适应性、快速的生长发育以及优质的胴体而备受赞誉。杜泊绵羊有白头和黑头两种类型。

(1)外貌特征。杜泊绵羊体型独特,呈筒状,无角。其头部覆盖着短而深色的毛发,身体则覆盖着短而稀疏的浅色毛发,尤其在身体前半部分,而腹部则长有明显的干死毛。

(2)品种特性。杜泊绵羊的适应性非常强,食物范围广且不挑剔,即使在干旱或半热带地区也能健壮成长,对疾病的抵抗力也很强。此外,这种羊还有一个独特的特点,那就是能够自动脱毛。

(3)生产性能。杜泊绵羊的繁殖不受季节限制,母羊的产羔率高达150%以上。它们不仅母性好,产奶量也大,因此能够很好地哺育多胎后代。这种羊生长迅速,3.5～4个月大的羔羊体重可达到约36kg,胴体重约16kg。其肉质均匀含脂,属于高品质肉。虽然杜泊绵羊体形中等,但体态丰满,成年公羊和母羊的体重分别约为 120kg 和 85kg。在养羊大省如山东省,引进杜泊绵羊与当地品种如小尾寒羊等进行杂交,可以显著提高产肉性能,从而增加经济和社会效益。

5.3.1.3 小尾寒羊

小尾寒羊被看作高产量、高效益的羊种,甚至被誉为中国的"国宝"和世界的"超级羊"。这种羊主要以青草和秸秆为食,却能为人类提供美味的羊肉和优质的羊毛,为养殖户带来可观的经济收益。

(1)品种特性。小尾寒羊成熟早,生长速度快,体格大,肉质上乘,四季都能发情,繁殖能力强,遗传性状稳定。特别是山东西南部出产的小尾寒羊质量更佳。

(2)生产性能。以山东西南部的小尾寒羊为例,其周岁公羊的平均体重为 65kg,母羊为 46kg;成年公羊为 95kg,母羊为 49kg。在剪毛量方面,公羊平均为 3.5kg,母羊为 2kg。小尾寒羊的性成熟期早,5 ~ 6 个月即可发情,当年就能产羔,产羔率高达 260% ~ 270%。

(3)适合地区。小尾寒羊适合在东北、华北、西北和西南等地区养殖。

(4)主要用途。该品种是我国肉羊生产的重要母本素材,可用于与其他肉羊品种进行杂交,以培育新的肉羊品种。同时,它非常适合用于发展羔羊肉生产。

5.3.1.4 无角陶赛特绵羊

该品种绵羊具有早熟、迅速成长、全年可繁殖、耐热以及适应干旱气候等特性。无论公羊还是母羊,它们都不长角,颈部较为粗短,身体长呈圆筒形,胸部宽阔深厚,背部和腰部线条平直,四肢粗壮且短小,后部身体结构发达,全身覆盖着洁白的毛发。成熟的公羊体重大约在 100 ~ 125kg,而母羊则在 75 ~ 90kg。它们的毛发长度在 7.5 ~ 10cm,细度介于 50 ~ 56 支,每次剪毛可以获得 2.5 ~ 3.5kg 的羊毛。无角陶赛特绵羊的肉质和产量都相当出色,仅 4 个月大的小羊羔的胴体重量就能达到 20 ~ 24kg,屠宰率超过 50%。此外,其产羔率保持在 130% ~ 180%。我国的新疆和内蒙古自治区曾经从澳大利亚引进过这个品种的羊。初步的改良试验显示,这种羊的遗传特性非常强大,被视为发展肉用羊羔的重要父系品种。

我国在 20 世纪 80 年代末开始引进无角陶赛特绵羊,并通过与小尾寒羊的母羊进行杂交,取得了显著的效果。仅 6 个月大的杂交公羊羔的胴体重量就能达到 24.20kg,屠宰率高达 54.50%,净肉率高达 43.10%,而且后腿肉和腰肉的重量占到了胴体重量的 46.07%。

5.3.1.5 夏洛莱羊

夏洛莱羊被毛统一为白色,无论公羊还是母羊都没有角。它们的头部大多没有毛,脸部肤色有的是粉红色,有的是灰色,部分羊脸上还带有黑色斑点。羊的耳朵很灵活,性格非常活泼。它们的额头宽阔,眼眶间距较大,耳朵大且颈部短而粗。肩部宽阔平坦,胸部也是宽阔且深邃,肋部呈现出拱圆形。背部肌肉非常发达,身体像圆筒一样对称,后半身体积较大。它们的四肢肌肉也很发达,呈现"U"字形,四肢相对较短,下部的毛色是深浅不一的棕褐色。

(1)成长与发育。夏洛莱羊成长迅速,成年的公羊体重介于 110 ~ 140kg,而母羊则在 80 ~ 100kg。当它们长到 1 岁时,公羊的体重为 70 ~ 90kg,母羊为 50 ~ 70kg。令人惊讶的是,仅仅 4 个月大的育肥小羊体重就能达到 35 ~ 45kg。4 ~ 6 个月龄的小羊的胴体重为 20 ~ 23kg,屠宰率高达 50%。羊的肉质上乘,瘦肉多而脂肪少。它们的羊毛长度达到 7cm,每次剪毛可以获得 3 ~ 4kg 的羊毛,细度在 60 ~ 65 支,密度适中。

(2)繁殖性能。夏洛莱羊的繁殖期主要集中在 9 ~ 10 月,这是它们的自然发情期。平均受孕率高达 95%,妊娠期大约在 144 ~ 148 天。初次生育的母羊可以产出约 135% 的小羊,而在 3 ~ 5 次生育后,这一比例可以提高到 190%。

夏洛莱羊广泛分布于河北、山东、山西、河南、内蒙古、黑龙江以及辽宁等多个地区。

5.3.2 母羊的繁殖

5.3.2.1 性机能的发育阶段

初情期是母羊出生达到一定的年龄及（或）体重后首次发情排卵的时期。这一时期,母羊虽开始具备繁殖能力,但生殖器官仍处于生长发育的状态,发情表现不完全。初情期后,生殖器官随年龄而进一步生长发育,至发育完全成熟时,发情和排卵趋向正常,具备正常的繁殖能力,此时称为性成熟。性成熟后,理论上是可配种的,但鉴于母羊身体发育尚不成熟,若在此时配种,则会影响其自身发育及后代质量,降低繁殖能力,所以性成熟时期并非最佳配种年龄。合适的配种时间取决于个体生长发育和体重,饲养管理好的情况下,当母羊体重达到成年体重70%左右时即可配种。初次配种年龄不宜太晚,否则将影响母羊繁殖进程,降低繁殖效率,造成经济损失。母羊的繁殖能力也是有一定年限的,合适繁殖时期是1.5～7岁,通常在7岁后其繁殖能力会逐渐下降。因此,在母羊合适的繁殖年龄及时配种,有利于提高效益。

5.3.2.2 发情与发情周期

当母羊生长到一定年龄时,由卵巢上的卵泡发育所引起的、受下丘脑—垂体—卵巢轴系所调控的一种生殖生理现象称为发情。发情的实质是母羊卵巢受体内生殖激素调控,出现卵泡发育、成熟及排卵现象,从而引起生殖道充血伴有黏性分泌物流出等变化。滩羊品种经过漫长的自然选择,已形成季节性发情、发情无明显表现的特征。母羊性成熟后,生殖器官和性行为可出现一系列明显的周期性改变,即发情周期,如此循环往复,直到绝情期。绵羊发情周期通常在16～18d之间,偶尔低于16d或者高于20d。发情周期实质上是卵泡与黄体交替循环并产生相应激素,从而引起生殖器官及性行为周期性变化。绵羊和山羊发情周期与发情持续期见表5-2。

表 5-2 　绵羊和山羊的发情周期与发情持续期

品种	发情周期 /d		发情持续期 /h		排卵时间 /h	最佳配种时间
	平均天数	周期范围	平均时间	持续范围		
绵羊	16.7	16 ~ 18	30	24 ~ 36	20 ~ 30	发情后 30h 内
山羊	20.6	18 ~ 22	40	26 ~ 42	50 ~ 60	发情后 12 ~ 16h 内

5.3.2.3 卵泡发育与排卵

卵泡是哺乳动物卵巢上的基本发育单元，母羊刚出生时卵巢皮质层已有大量原始卵泡，随着年龄的增长，大多数卵泡发生闭锁退化，只有少数成熟卵泡排卵。滩羊属于单胎绵羊品种，在每一个发情周期中，可发育的卵泡达数十个，而成熟排卵的卵泡通常仅有一个。排卵后，卵巢上首先形成血红体，然后发展为黄体，最后变为白体。黄体期后期，开始出现退化现象，孕酮水平下降卵泡重新发育，形成新的发情周期。所以确定母羊排卵时间并推断出适宜配种或输精时间对于母羊妊娠效果至关重要。

5.3.2.4 妊娠与产羔

母羊从受精到分娩这一阶段称为妊娠期。妊娠时，因胎儿、胎盘和黄体的存在，母羊全身状态尤其是生殖器官会随之产生一系列生理改变，这些变化可为妊娠诊断提供依据。分娩是胎儿发育成熟后的生理性活动，是胎儿及其附属物从母体自然排出的过程。这一过程由激素、神经及机械等多种因素协同，母体与胎儿共同作用完成。

妊娠母羊临产前乳房胀大，可挤出淡黄色初乳；产羔期间，应加强管理，以防母羊难产；羔羊出生后，确保及时吃到初乳；此后根据羔羊出生时间进行补饲，促进其生长发育。

5.3.3 提高母羊繁殖率的综合措施

5.3.3.1 科学的选种选配

羊的繁殖力具有遗传性,选育优良种羊是提升羊群繁殖率的先决条件,坚持长期选种选配可改善整个羊群繁殖性能。种公羊比母羊更能影响群体遗传进展,并在群体世代繁殖中起主导作用。据相关研究报道,公羊的阴囊周径与血清睾酮浓度呈强相关,进而影响射精量,即有较长阴囊周径的公羊配种能力强,所以睾丸大小可以作为优秀种公羊筛选的标志之一。对种公羊精液品质应定期进行检查,发现和排除配种能力差、受胎率低的公羊。同时,母羊繁殖力高低也与其遗传有密切关系,所以选种时应注意选择产多胎母羊,这样后代生产多羔的可能性会增加,繁殖效率也就随之提高。

5.3.3.2 合理的饲养管理

羊的新陈代谢周期短,要随时为其准备营养全面、搭配合理的全价日粮和清洁饮水,以满足机体所需的营养物质,使其健康生长。发情配种时期保持母羊适宜的膘情,是保证母羊发情排卵正常进行的基础,也是任何繁殖技术无法替代的重要举措。合理的羊群结构对于高效生产是非常关键的,繁殖母羊比例达到全群60% ~ 70%以上,可以极大地提高羊群繁殖效率和养殖效益。母羊最佳繁殖年龄在7岁前,此后生殖能力降低且易发生各种繁殖障碍性疾病,所以应剔除羊群中的老弱病残羊并及时补养后备母羊。

5.3.3.3 繁殖技术的运用

现代肉羊生产管理以提高生产性能为目的,应结合生产实践选择适宜繁殖技术来安排母羊的生育周期。母羊繁育过程中,因受到环境及其他方面的限制,多数母羊的繁殖带有较强的季节性与周期性,极大地限制了生产效率。传统生产方式以秋季配种春季产羔为主,生产周期长,繁殖效率低。为缩短生产周期、增加收入,必须制订高效繁殖计划、控制饲养成本,以推进规模化发展。科学试验及生产实践表明,利用繁殖技术能使绵羊一年四季发情、配种、产羔,充分发挥母羊生产性能进行密集繁殖,但这些技术的运用要根据各品种生理特点,科学地制订技术规程并培训熟练技术人员严格执行。

5.3.4 高效繁殖技术体系

在人们生活水平不断提高的情况下,饮食结构和消费水平都发生了很大变化,导致羊肉需求量稳定增长,但由于肉羊繁殖效率低下,羊肉产量很难在短时间内得到显著提升。养殖场不仅应为迎合市场需求而加大养殖数量,还应运用良好的繁殖技术改善羊肉的品质,从而生产更多更好的产品以适应市场需求。所以掌握繁殖技术、搞好羊群繁殖是养羊产业化发展的核心内容和企业管理层追求的目标。

5.3.4.1 同期发情技术

同期发情技术是指通过对母羊群体采取一定的措施,使母羊个体在同一时期内发情的技术,这一技术的关键在于对母羊所处的发情周期调整,以尽量保持母羊卵巢的状态一致。同期发情技术的基本原理是通过延长或缩短黄体期,来调整发情周期,使母羊在同一时期发情。生产上常采用放置孕激素制剂阴道栓或间隔 9 ~ 11d 注射 2 次前列腺素(Prostaglandin, PG)的方法。因育成母羊阴道开口较小,放置阴道栓可对阴道造成机械损伤,常用的办法是将孕激素制剂埋植于耳部皮下或肌肉注射 PG。但采用 2 次 PG 法存在局限性,此方法仅适用于母羊卵巢处于活跃黄体期且通常用于母羊繁殖季节。同期发情技术常用生殖激素主要有下述几种。

(1)促进卵泡发育的促性腺激素。促卵泡素激素(Follicle Stimulating Hormone, FSH)属于糖蛋白激素,主要促进卵泡生长、增加卵泡壁细胞摄氧量及蛋白质合成。对于公畜,FSH 能促进睾丸足细胞的合成及雄激素的分泌,刺激精子发生。生产中常用该激素对母羊进行超数排卵,此外对卵泡发育停滞、持久黄体的治疗也有作用。

人绝经期促性腺激素(Human Menopausal Gonadotropin, HMG)是

从绝经期女性尿液中提取的一种糖蛋白激素,含 FSH、LH 等成分,主要起 FSH 的作用,也具有一定的 LH 作用。可用于母羊超数排卵、同期发情、诱导发情等工作。

孕马血清促性腺激素(Pregnant Mare Serum Gonadotropin, PMSG)在妊娠母马子宫内膜杯内生成,由马属动物胎盘分泌,兼具 FSH 和 LH 双重活性,主要表现为 FSH 的功能,能促进卵泡发育、成熟与排卵。PMSG 半衰期较长,可能由于其含糖量和唾液酸量高,具有酸性特点。生产中常用 PMSG 代替价格昂贵的 FSH 来治疗母羊卵巢发育不完全及公羊性欲不强、生精机能衰退等。

(2)促进卵泡成熟和排卵的促性腺激素。促黄体素(Luteinizing Hormone, LH)是垂体分泌的一种糖蛋白激素,它以 FSH 刺激卵泡的生长发育为基础,使卵泡进一步成熟而排卵,促进黄体的形成,从而刺激黄体孕酮的产生。由于本产品从垂体提取费用较高且不易纯化,目前生产中多采用人绒毛膜促性腺激素替代,以达到诱导排卵和治疗黄体发育不全的目的。

(3)性腺激素。孕激素(Progestin)主要由卵巢黄体细胞分泌,包括孕酮、20α – 羟孕酮和 17α – 羟孕酮等,其中孕酮(P4)的活性最强。P4 对于下丘脑下部或者垂体前叶有反馈作用,能够抑制 FSH 和 LH 分泌,从而抑制卵泡发育;同时能抑制性中枢,使母羊不发情。雌激素分泌量增加时,少量孕激素与雌激素协同作用可促进母羊发情。

(4)溶黄体激素。前列腺素(Prosta Glandin, PG)为生物活性类脂物质,普遍存在于哺乳动物组织及体液中,其含量极少,效应较强。天然 PG 很不稳定,静脉给药很容易分解。用于动物繁殖的 PG 以 $PGF_2\alpha$ 及其类似物为主,作用时间长,生物活性也较强,目前已有多种 PG 类似物,如氯前列醇钠等。生产上,常以溶解黄体为主要作用,还可用来诱发流产和分娩。

5.3.4.2 羔羊培育技术

羔羊时期是指胎儿出生后至断奶前的这个阶段,这一时期的营养状况对以后的生长发育起着重要作用,其水平和效益关系到规模化养羊的成败。自然情况下,羔羊在哺乳期适应能力差、微生物区系不完善,这会导致羔羊断奶日龄延长,母羊体况恢复缓慢,生产性能下降,不符合高效繁殖生产周期安排。为最大限度挖掘羔羊早期生长发育潜力,增强羔羊对自然灾害的防御能力,可采取羔羊培育技术。对羔羊饲养条件进行人为管理和控制,避免羔羊在生长早期因母乳不足难以维系较快的生长速度,促进羔羊生长发育,提高增重速率。采用羔羊培育技术,会明显改善母羊的营养状况,使母羊快速进入下一生产周期,降低饲养成本;饲养周期的缩短,也利于羊肉全年均衡生产,满足人民物质生活的需求。

5.3.4.3 诱导发情技术

在生产中,有些母羊生长发育到初情期,仍没有发情的现象或者成年母羊很长一段时间内没有发情,部分母羊分娩后甚至断奶后迟迟不发情,为提高繁殖效率,往往需要诱导这些母羊发情。诱导发情是在母羊乏情期采用激素处理和羔羊早期断奶等措施恢复母羊正常发情,以便配种和产羔,从而提升生产效率。

同期发情技术要求繁殖母羊的卵泡活动正常,但用于高效繁殖生产的母羊需在断奶当天或断奶后几日内进行诱导发情处理,这时母羊体内 PRL 含量仍然很高, GnRH 及促性腺激素分泌受到抑制,高水平 PRL 还有抑制卵泡 E2 产生的作用,会使得母羊卵巢不存在卵泡活动。早期断奶诱导发情技术是在羔羊早期断奶的前提下,利用外源性激素处理。使用的外源性激素主要是利用孕激素及其类似物来抑制卵泡发育,从而阻止母羊发情。当外源性孕激素撤除时孕激素含量锐减,下丘脑会重新释放 GnRH,进而促使垂体前叶产生 FSH 和 LH,此时母羊转入卵泡期,最终促使母羊发情。

5.3.4.4 人工授精技术

人工授精技术是通过假阴道等方式采集公羊精液,经显微镜检查其品质,将品质好的精液输送到母羊体内,替代自然交配使母羊受孕的繁殖技术。该技术可减少种公羊数量、提高公羊利用率,并且可以避免一只公羊与多只母羊进行交配,降低母羊之间生殖道疾病扩散的风险。此外,人工授精技术还能突破地域的限制,扩大优良种公羊的影响。该技术包含多个工作环节,包括精液采集、稀释、品质检查、保存以及运输等,高质量进行每一个工作环节,才能得到较高的情期受胎率。例如,为适应采精需求,保证精液品质,配种前 45 ~ 60d 内加强公羊饲养管理,同时还要持续进行采精及品质鉴定。若公羊是初配公羊则需进行采精训练后方能配种。母羊通常发情接近尾声时才会排卵,所以母羊首次发情时不必立即配种,通常每隔 12h 配种 1 次,共 2 ~ 3 次。

5.3.4.5 两年三胎密集繁殖

两年三胎密集繁殖是伴随现代化、集约化养殖开发的高效生产模式,由于滩羊本身的一些繁殖特性(如妊娠期长)是不能改变的,因此只有通过提高母羊的受胎率,加快羔羊的生长发育,缩短发情到断奶配种的时间,才能充分发挥繁殖母羊生产能力。该体系要求在两年时间内,完成三个完整的生产周期。应用该体系进行肉羊生产,羔羊生产效率较常规体系可提高 40% 左右,基础设施设备、人工和管理等方面的费用可相应减少,从而大大提高养羊的经济效益。该繁殖技术体系的成功运行,需要高效的发情配种技术及早期断奶技术,这关系到整个羊群的发情同步性、受胎高效性以及产羔集中性,从而有利于集约化生产和饲养管理成本的合理控制,能使母羊繁殖能力得到最大限度地发挥。因此,优化同期发情技术、探索最适羔羊培育方案、改进诱导发情技术以及细化人工授精技术显得十分重要。

5.4 肉羊的饲养管理

5.4.1 肉羊的高效饲喂技术

5.4.1.1 哺乳羔羊的饲喂技术

哺乳期的羔羊,由于其身体各系统尚未完全发育,免疫力相对较弱,因此极易受到各种疫病的侵袭,甚至导致死亡。为此,加强饲养管理,制定科学合理的饲养措施显得尤为重要。在羔羊出生后的 1 ~ 3 个月内,它们主要依赖母乳获取营养。尽管母乳营养价值高,但长时间大量哺乳会消耗母羊过多的营养,影响其产乳量。因此,需要提高母羊饲料中的蛋白质水平,以促进乳汁分泌,保证乳汁的质量。优质的乳汁能够增强羔羊的免疫力,确保其健康生长,减少疾病的发生。在羔羊出生 20d 后,可以适当调整母羊饲料中的蛋白质比例,增加粗饲料的含量。同时,为羔羊提供精饲料,并在其中适量添加黄豆或黑豆,以提高其营养价值。在确保不会对羔羊身体造成负面影响的前提下,还可以适量添加青饲料,以降低饲养成本。在羔羊的饲养过程中,应遵循逐步过渡的原则。在羔羊断奶后的过渡期,应保持原有的饲料配方。当羔羊长到 5 个月大时,可以调整其饲料结构,增加粗饲料的比例,以满足其生长发育的需要。

5.4.1.2 育成公羊、母羊的饲喂技术

育成公羊和母羊是羊养殖过程中的关键阶段,指的是它们从断奶到配种前约 5 ~ 18 个月的时间段。在此期间,它们具有快速生长和增殖的特点。为了确保羊群健康发育,农户需要根据幼龄羊的不同阶段,采取适当的快速育肥技术。例如,在羊群刚建立时,农户应强化饲养管理,为 5 ~ 8 月龄的羊只提供每 1.0kg 优质干草混合 0.2kg 的精料(包括 15% 的豆饼,20% 的麸皮,45% 的玉米,15% 的苜蓿草,2% 的谷粉和 1% 的食盐等),确保羊只获得所需的各类营养元素和微量元素。当羊只进入 9 ~ 18 月龄阶段,农户应在优质干草中添加 0.25 ~ 0.5kg 的秸秆,同时增加约 0.4kg 的精饲料。[①] 此外,为了提高幼龄羊在断奶和母乳隔离期的免疫力,农户还应在饲料中适量添加微量元素,以加强羊群的疫病防控。

在育成公羊和母羊的生长发育过程中,尽管它们尚未达到性成熟,但可能会表现出性倾向和性行为。因此,农户应密切关注羊群,确保羊只在完全成熟后进行配种,避免过早配种导致的流产、难产等问题。同时,农户还应增加羊群的运动量,每天运动约 2h 或每天行走 3 ~ 4km,以增强羊只的体质和食欲,为羊群的健康可持续发展奠定坚实基础。

---

① 郝昭远.舍饲肉羊的高效饲喂与日常养殖管理技术 [J].中国动物保健,2024,26(3):94-95.

5.4.1.3 后备公羊、母羊的饲喂技术

后备公羊和母羊是舍饲羊的重要组成部分,通常指的是年龄在 18～30 月龄的羊只。在这个阶段,它们已经发育成熟,达到了配种年龄,因此农户需要加强对它们的饲养管理,为配种作好准备。

首先,相比前一阶段,后备公羊和母羊的饲料需要增加丰富的精饲料和粗饲料,确保除了优质干草和秸秆外,它们还能摄取到足够的钙、磷、多种维生素和微量元素,从而实现营养均衡,保持健康的体质。

其次,农户需要注意对后备公羊的使用频率,避免过度配种,造成公羊过度劳累。一般建议以 1：20 的比例投放公羊。

最后,当后备母羊达到完全体成熟时,农户需要注意饲料管理,避免营养过剩导致母羊过肥、过胖,甚至影响怀孕能力。一般以 8 分膘为基准。

在后备母羊首次妊娠时,农户应密切关注其临产征兆,尽量减少各种应激反应,防止在妊娠中后期出现流产、难产等问题。对于体质较弱的后备母羊,农户应加强饲料管理,提供充足的优质干草、秸秆和精饲料,以增强母羊的体质,确保幼龄羊能够获得足够的奶水。

5.4.2 肉羊的日常养殖管理技术

5.4.2.1 科学选择肉羊品种

在肉羊养殖中,羊肉品质与肉羊品种有着密切关联。优质的肉羊品种可以生产出在口感和产量方面表现出色的羊肉。在选择引进品种时,应结合环境条件,若条件允许,还可考虑采用多元杂交育肥饲养模式。在选择个体时,幼龄羊（4～6 月龄）是理想的选择,因为它们可以快速增重并具有良好的育肥效果。如果养殖场采用自然交配繁育,种公羊的使用年限一般不应超过 3 年,或应与另一养殖场的种公羊轮换使用,以避免近亲繁殖导致的品种性能下降。在交叉轮换使用前,应进行疫病流行病学调查和隔离观察,以防止疫病传播。

5.4.2.2 优化羊群组成结构

对羊群结构进行精准调控,对舍饲肉羊的生产效益至关重要。在羊群管理中,需根据肉羊的体型和年龄进行分群,对于生殖能力较强的个体,应实施阉割以促进育肥。在羊群内,建议公羊与母羊的比例为3:7,以提升养殖效益。同时,需明确养殖数量,遵循出栏头数不超过成活数的原则,使母羊占羊群比例约1/2。每年按照15%的比例淘汰母羊,母羊羔占比约为1/5。这样,各年龄段的母羊占全群的7/10左右,公羊占3/10左右。这种结构不仅便于羊群管理,还能带来可观的养殖效益。

5.4.2.3 进行标准化养殖管理

养殖人员应积极汲取科学的养殖管理理念及实践经验,进行标准化的羊群管理。以下是实施该理念的几点措施:

(1)考虑本区域的气候特点和温度条件,合理调整肉羊的养殖密度,确保羊舍清洁、通风良好。在夏季高温时,需采取降温措施,为羊群提供适宜的生长环境。保持通风和干燥是预防羊群疾病的有效手段。

(2)密切关注肉羊的生长状况,做好日常观察和记录,定期实施除虫措施,增强羊群的体质。

(3)提升饲养流程的规范化程度,特别是在母羊分娩时,应做好消毒工作,避免在母羊体质较弱时感染严重疾病,避免损失。

5.4.2.4 及时进行免疫接种

动物疫病防治的关键在于规范的疫苗接种,这在肉羊养殖中尤为重要。因此,相关人员应优先考虑疫苗接种,并根据当地养殖情况制定科学的接种方案。接种工作需严格遵守规定,确保接种行为规范。接种后,需进行观察和监测,若抗体效果不佳,应及时调整接种方案。为增强防疫效果,可考虑进行二次接种,并适当加大接种剂量,以增强肉羊的抵抗力。疫苗运输和储藏也需严格管理,避免疫苗失效。接种计划可根据传染病发病季节调整,并加强羊梭菌病、羊痘、羊口蹄疫等疫苗的接种。以羊口蹄疫疫苗为例,应在 4 ~ 24 月龄时注射 0.5 ~ 1.0mL,24 月龄时注射 2mL,采用肌肉注射方式,春秋各接种一次,以提高对该疫病的预防效果。

5.4.2.5 人工控制母羊繁殖

在配种季节,采用诱导发情技术,通过人为干预提高母羊的产羔率,减少空怀现象,确保母羊在最佳时机配种受孕,从而缩短繁殖周期。对于乏情或错过发情的母羊,可将醋酸氟孕酮阴道海绵塞入其子宫颈口,持续两周左右,随后取出时注射适量的孕马血清。2 ~ 3d 后,大多数处理过的母羊将进入发情期,这时就可以进行配种。在使用发情药物时,要充分考虑母羊的个体情况、药物配合以及剂量等因素,以有效提升繁殖效率。如果孕羊出现流产征兆,可以通过肌肉注射 10 ~ 30mg 黄体酮,并辅以皮下注射 0.5% 硫酸阿托品 1 ~ 3mL 的方式进行保胎处理。

5.5 肉羊常见疾病的防治

5.5.1 羊传染病防治技术

5.5.1.1 羊快疫

羊快疫是一种由有害细菌引发的急性传染性疾病。特点是突然病发,病程极为短暂,死亡率高,以及胃黏膜出现出血和坏死性炎症。

【流行特点】

此疾病主要通过消化道传播,且 2 岁以下的羊群更易受影响。它通常在地方范围内流行,特别是在秋冬交替和早春时节,气候突然变化,连续阴雨天时更为常见。在低洼、潮湿或沼泽地区放牧的羊群有更高的感染风险。

【主要症状】

病羊可能在未出现明显临床症状的情况下突然死亡。对于那些病程较长的病羊,它们可能会显得孤僻,不愿行走,当被迫行走时,它们的动作可能会不协调。这些羊的腹部可能会膨胀并感到疼痛,排便困难,有时排出的粪便是黑色的且呈稀状。虽然大部分病羊的体温保持正常,但有些可能会升高到41℃,并在几小时内出现痉挛或昏迷。

【防控措施】

(1)在疾病多发地区,应定期为羊群注射联合疫苗,不论羊的大小,均应在皮下或肌肉内注射5mL的疫苗。

(2)当疫情严重时,应考虑更换放牧地点,以减少与外界的接触,降低感染风险。羊群应被转移到干燥地区放牧,且早上不宜过早放牧。

(3)一旦发现病羊,应立即进行隔离;对于因病死亡的羊,其尸体和排泄物应深埋处理,以防止疾病传播。同时,被病羊污染过的圈舍、场地和用具应使用3%的烧碱溶液或20%的漂白粉溶液进行彻底消毒。

(4)对与病羊同群的羊应进行紧急疫苗接种,并让它们口服2%的硫酸铜溶液,每只羊100mL,以增强抵抗力。

由于该病的病程极短,往往来不及进行有效治疗,因此重点在于平时的预防措施。对于病程稍长的病例,可以采取对症治疗,如使用心脏兴奋剂、肠道消毒剂、抗生素以及胺类药物来缓解症状。

5.5.1.2 羔羊痢疾

羔羊痢疾是由魏氏梭菌 B 型所引发的初生羔羊的严重传染病。其主要特征是羔羊出现剧烈的腹泻症状以及小肠部位出现溃疡。

【流行特点】

这一疾病在特定季节较为流行,主要影响出生后 2 ～ 8d 的羔羊,特别是刚出生 3d 的羔羊更易受到感染。杂交品种对这种疾病更为敏感,尤其是高度杂交的品种,其羔羊的死亡率相对较高。通常,在羔羊出生的初期,疾病发生率较低,但在产羔高峰期,疾病的传播速度会迅速加快,发病率也会显著提升。该疾病的主要传染源是已经患病的羔羊,它们的粪便中含有大量的病原体,这些病原体可以污染羊舍及其周围环境,进而通过消化道、脐带或外伤等途径传播给其他健康的羊。

【主要症状】

该疾病的潜伏期从数小时到一天不等。在疾病初期,患病羔羊会显得精神不振,食欲减退或停止吸吮母乳。在接下来的 1 ~ 2d 内,患病羔羊会排出黄褐色、稀糊状或水样的粪便,并散发出难闻的气味。患病羔羊会显得萎靡不振,低头弓背,腹部凹陷。在疾病的后期阶段,粪便中可能带有血液,并且羔羊可能会出现肛门失禁的情况。由于持续的腹泻,患病羔羊的体温可能会偏低,通常在 1 ~ 2d 内会死亡。在个别病例中,还可能会出现神经症状,如流口水、牙关紧闭、身体反弓、四肢抽搐或昏迷等,最终可能导致死亡。

【防控措施】

为了预防该疾病,需要加强饲养管理,确保怀孕的母羊身体健康,体质强壮,从而增强新生羔羊的体质和抗病能力。还应该计划好配种时间,尽量避免在寒冷的季节产羔。需要做好卫生消毒工作,保持羊舍的干燥和温暖。预防接种也是非常重要的措施,每年秋季应该为羊群注射相关的疫苗。对于新生的羔羊,可以在其出生后的 12h 内给予一定量的土霉素进行药物预防,连续服用 3d,这可以起到一定的预防效果。

【治疗方法】

可以给患病羔羊服用土霉素和胃蛋白酶的混合物,每天两次。另外,还可以使用磺胺脒、鞣酸蛋白、次硝酸钠和碳酸氢钠的混合物进行治疗,每天服用 3 次。在疾病的初期阶段,可以给患病羔羊注射较大剂量的青霉素和链霉素。如果有必要的话,还可以采用对症治疗的方法,如强心补液、收敛止痛等。在有条件的情况下,还可以使用高效免疫血清进行治疗。

5.5.2 羊常见普通病防治技术

5.5.2.1 乳房炎

【病因】

乳房炎主要由不恰当的挤奶技术或操作导致乳头和乳腺组织受损,或者是由于挤奶设备不洁净,使乳房遭受细菌感染所引发。此外,结核病、口蹄疫、子宫炎、脓毒败血症等也可能引发此病。

【主要症状】

主要症状表现为乳房部位,包括乳腺、乳池和乳头的局部炎症,这种情况在产后 4 ~ 6 周处于泌乳期的母羊中尤为常见。临床特点是乳腺出现各种性质的炎症,乳房发热、肿胀、疼痛,进而影响了泌乳功能和产奶量。

【防控措施】

为预防和治疗乳房炎,首先应保持羊圈的干燥和清洁。在病症初期,可以使用 40 万 IU 的青霉素和 0.5% 的普鲁卡因 5mL 混合后,通过乳房导管注入乳房内,同时轻轻按摩乳房。在冷敷 2 ~ 3d 后,可以改用热敷,热敷液由 1000mL 10% 的硫酸镁加热至 45℃ 制成,每天热敷 1 ~ 2 次,连续使用 4d。此外,也可以采用中药治疗,具体药方为:当归 15g,生地 6g,蒲公英 30g 等,将这些药物研成细末,用开水调和后服用,每天一剂,连续服用 5d。对于化脓性乳腺炎,需要开口引流排脓,并使用 0.02% 的呋喃西林溶液和 3% 的过氧化氢溶液进行冲洗。

5.5.2.2 尿结石

尿路结石是由于尿路中的盐类结晶物对黏膜产生刺激,从而引发出血、炎症以及尿路梗阻的一种疾病。

【病因】

主要包括长期饮水不足,缺乏运动导致的尿和汗液排出障碍,或在大量排汗后体内盐类浓度上升。此外,某些疾病可能使尿液偏向碱性,而长期饲喂富含磷的精细饲料或块根类饲料也可能成为诱因。

【主要症状】

尿路结石的症状因结石所在部位不同而有所差异,可能会造成尿路的完全或不完全梗阻,引发尿闭、尿痛和尿频等症状,严重情况下甚至可能导致膀胱破裂。

【防控措施】

为了预防和治疗尿路结石,应确保提供充足且清洁的饮水。在饲料中加入适量的氯化铵,可以减缓磷、镁盐类在尿液中的沉积。同时,饲料中的钙磷比例应调整为 2:1。在治疗方面,可以考虑使用利尿剂如乌洛托品或克尿塞进行辅助治疗。中药方面,金钱草 5g 配以海金沙 30g,每日水煎服用一次,有助于排出结石。同时,注射青霉素和链霉素可以预防和治疗尿路感染。

5.5.3 羊常见寄生虫病防治技术

舍养肉羊易遭受寄生虫侵害,这些寄生虫大体可归为两类:内部寄生虫如片型吸虫和消化道线虫,以及体表寄生虫如虱子、螨虫和蜱虫。内部寄生虫会引发羊出现贫血、消瘦、局部水肿、腹泻甚至流产等症状。而体表寄生虫则主要以吸食羊血和毛发为生,导致病羊感到瘙痒不安,影响其正常采食和休息,进而可能引发皮肤炎症和消瘦。防治这些寄生虫,主要策略是每年在春季和秋季进行两次驱虫药浴,并对环境进行全面消毒,这样可以从根本上预防内外寄生虫的感染。

5.5.3.1 羊疥癣病

羊疥癣,也被称为螨病或"癞",是由一种寄生在羊体上的疥癣虫所引发的传染性皮肤疾病。当羊与受感染的羊只或疥癣虫污染的物体有直接接触时,疥虫便会传播到健康的羊只身上,尤其在雨季,其繁殖速度迅猛,易于广泛传播,至冬季达到感染高峰。

【主要症状】

疥癣虫最初主要攻击羊体上毛发较长的区域,如背部、尾部和臀部。秋冬季节和剪毛前是疥虫最活跃的时候,繁殖迅速,很快就会扩散到羊的体侧乃至全身。受感染的羊只会表现出瘙痒的症状,特别是在夜间和清晨,羊只会显得极度不安,不断摩擦、搔抓或啃咬受感染的部位。受感染部位的毛发先变得潮湿,然后变得凌乱,皮肤会逐渐增厚、发炎,并失去原有的弹性。随着病情的加重,羊只会逐渐消瘦、贫血、脱毛,严寒季节里,很多羊只因过度消瘦而死亡。

【防控措施】

对于大面积感染的羊只,外部擦拭治疗效果有限。更为简便有效的方法是使用虫克星胶囊进行治疗。每只羊只需服用一粒(0.2 g),以温开水送服。此外,也可以采用药浴的方式进行治疗,使用的药物是 50% 的辛硫磷乳油,稀释后的浓度为 0.025% ~ 0.05%。

5.5.3.2 羊胃肠道线虫病

【主要症状】

在羊的消化道中,存在一些常见的线虫,如捻转血毛线虫、羊仰口线虫、食道口线虫以及毛首线虫等。这些线虫能够引发不同程度的胃肠炎,干扰消化系统的正常功能,导致病羊体重下降、出现贫血症状,甚至在严重情况下可能会导致羊的死亡。

【防控措施】

建议每年进行两次驱虫,同时需特别注意饮水的清洁和卫生,对粪便进行发酵处理,并加强饲养管理。在治疗上,可以选用敌百虫、抗蠕敏、左旋咪唑、阿维菌素、伊维菌素等药物进行治疗。

5.5.3.3 中毒

羊与其他动物相似,偶尔也可能因无法识别有害物质而误食,从而导致中毒。为了预防中毒,需要采取一系列预防措施。避免使用含毒植物作为饲料,严禁喂食霉变的饲料和饲草。同时,饲料和饲草应在干燥通风的地方晒干并妥善保存。在使用前,务必进行仔细检查,一旦发现霉变,应立即丢弃。此外,必须防止水源性中毒,特别是那些喷洒过农药或使用过化肥的农田所排出的水,这些水绝不能作为羊的饮用水。一旦发现羊出现中毒症状,首先要找出中毒的原因,然后立即进行治疗。

【治疗原则】

（1）排除毒物。在中毒初期,可以通过胃导管进行洗胃,用温水多次冲洗以清除胃内残留物。如果中毒时间较长,应及时服用泻药,常用的盐类泻药如硫酸钠或硫酸镁,一般建议剂量为 50 ～ 100g。由于大多数毒素都是通过肾脏排出的,因此,促进排尿也有助于排毒,可以通过使用强心剂或利尿剂来实现,既可以口服,也可以静脉注射。

（2）使用特效解毒药。在确定了毒素的性质后,应尽快使用特定的解毒药物。例如,对于酸性物质中毒,可以服用碳酸氢钠或石灰水等碱性药物;对于碱性物质中毒,可以内服食用醋;亚硝酸盐中毒可以使用1% 的美蓝溶液,按 0.1mL/kg 进行静脉注射;氰化物中毒则可以使用 1% 的美蓝溶液,按 1.0mL/kg 进行静脉注射;如果是有机磷农药中毒,可以使用解磷定、氯磷啶或双复磷进行解毒。

（3）对症治疗。为了增强肝脏和肾脏的解毒功能，可以大量输液。如果出现心力衰竭，可以使用强心剂。当呼吸困难时，可以使用能够舒张支气管和兴奋呼吸中枢的药物。如果病羊表现出兴奋和不安，可以使用镇静剂进行治疗。

第 6 章
鸡的养殖及疾病防治技术

    鸡的养殖涉及饲养管理、饲料营养、环境控制、疾病防治等多个方面。在饲养管理上，需确保鸡舍干燥通风，定期清洁消毒，合理安排饲养密度。饲料营养方面，要根据鸡的生长阶段配制不同营养成分的饲料，以满足其生长需求。同时，环境控制也至关重要，要保持适宜的温度、湿度和光照，以促进鸡的健康生长。在疾病防治方面，需加强鸡群的免疫接种，定期进行疾病检查，一旦发现疫情，应立即采取隔离治疗措施，防止疫情扩散。此外，还需注意预防寄生虫等常见疾病，确保鸡群健康成长。科学的饲养管理和有效的疾病防治是确保鸡养殖成功的关键。

6.1 鸡场选址与布局规划

鸡场作为鸡只的重要栖息地,其选址与鸡舍布局对养鸡的无公害生产环境至关重要。在选择场址和设计鸡舍时,必须严格遵守养鸡无公害生产环境标准,确保环境控制和卫生防疫的要求得到满足。

6.1.1 鸡场场址选择

场址选择对鸡群的健康状况、生产效率、经济效益以及场内外卫生环境的控制都起着至关重要的作用。一旦场地确定,随之而来的建筑物建设、生产设备安装将涉及巨额投资且难以轻易更改。因此,在鸡场场地选择和场区布局方面,必须经过深思熟虑和全面调查论证。

在选择场址时,要注重经济性。在选址和建设过程中,需要充分考虑资源的有限性,精打细算,节约用地。特别是当前土地资源日益紧张,节约用地尤为重要。

6.1.2 鸡场的分区与布局

6.1.2.1 鸡场分区

按照建筑设施的不同功能,鸡场建筑可细分为五大类:首先是行政管理用房,涵盖行政办公室、接待室、会议室、图书馆、资料室、财务室以及值班门卫室等,为鸡场管理提供便利;其次是职工生活用房,包括食堂、宿舍、医务室、浴室等,确保员工的生活需求得到满足;再次是生产性用房,主要是各种鸡舍和孵化室,直接服务于鸡只的养殖和繁殖;然后还有生产辅助用房,如饲料库、蛋库、兽医室、消毒更衣室、配电水泵、锅炉、车库、机修间等,为生产提供必要的支持和保障;最后是污染源用房,如病鸡解剖室、化验室以及粪污处理设施用房,用于处理鸡场产生的废弃物和污染物。

在鸡场的分区规划中,需遵循以下原则:首先是卫生防疫原则,通过合理分区,优化防疫环境;其次是生产和劳动效率原则,按照生产流程安排建筑布局,降低劳动强度,提高生产效率;最后是经济性原则,合理规划道路、水电线路和建筑设计,节约耗材和资金,同时合理利用土地资源。

鸡场的区划主要包括场前区、生产区和隔离区。场前区是职工生活和鸡场经营管理的区域,应设置在与外界联系方便的位置,并与生产区严格隔离;生产区是鸡场的核心,包括各类鸡舍、饲料加工厂、孵化场等,其布局应根据主风向和地势进行规划,确保防疫安全和生产效率;隔离区是处理鸡场废弃物和污染物的区域,应设在全场下风向和地势最低处,与其他区域保持足够距离,并设置严密的隔离屏障。

在鸡场的具体布局中,需考虑饲料库、蛋库和粪污场的位置,这些区域需靠近生产区但不在其内,以便于与场外的联系。同时,孵化室、幼雏舍、中雏舍、后备鸡舍和成鸡舍的布局也应根据防疫要求和生产流程进行合理配置。对于种鸡场和商品鸡群的分区饲养,以及育雏区与成年鸡区的隔离等问题,也应给予充分考虑,以确保鸡场的整体运行效率和防疫安全。

6.1.2.2 生产区建筑物的布局

养鸡场建筑物布局的核心工作在于科学规划生产区内各类鸡舍及配套设施的排列、朝向和间距。

鸡舍的排列应充分考虑当地气候、场地地形以及建筑物种类和数量,确保整体布局既合理又紧凑,同时兼具美观性。通常选择横向成排(东西向)和纵向成列(南北向)的行列式布局,以形成方形或近似方形的生产区。在我国大部分地区,鸡舍朝南或稍偏西南、东南方向较为适宜,这样的布局有利于通风换气,确保鸡舍内冬暖夏凉,为鸡只提供良好的生长环境。

不同要求下的鸡舍间距与鸡舍高度的比值各不相同,包括防疫间距、排污间距、防火间距和日照间距等。综合考虑各方面因素,一般鸡舍间距应为檐高的 3～5 倍。对于密闭式鸡舍,间距通常控制在 10～15m;开放式鸡舍,其间距应为鸡舍高度的 5 倍左右。

通过这样细致而科学的规划,可以确保养鸡场建筑物布局的合理性,为鸡只的健康成长和高效生产奠定坚实基础。

6.1.2.3 场内道路与排水

在养鸡场中,道路的规划至关重要。生产区的道路必须明确区分,有专门用于运送饲料、产品和生产联系的净道,以及专门用于运输粪便污物、病畜禽和死鸡的污道。这两条道路绝对不能混用或交叉,以确保净道的清洁与卫生。在规划道路布局时,建议采用梳状布置,即道路的末端直接通往鸡舍,不再延伸,并且绝对不与污道相连。为了进一步隔离净道与污道,可以在它们之间设置草坪、池塘、沟渠或果木带等自然屏障。此外,蛋库、料库以及排污区的建筑物或设施应分别设置专用的道路,以避免交叉污染。

在养鸡场的排水系统方面,雨水的排放和鸡舍内污水的排放必须分开进行,以防二者混合增加污水净化的难度。特别是隔离区,应设有独立的下水道,将污水直接排至场外的专业污水处理设施,确保整个养鸡场的卫生与环境质量。

6.1.2.4 场区绿化

绿化是养鸡场中一种经济高效且多功能的环境净化手段。它不仅为鸡场增添了景观效果,提升了自然环境的品质,更重要的是在环境保护、防疫以及安全生产等方面发挥着显著的作用。

防护林带可以将其分为主林带和副林带。主林带通常位于场区靠近冬季主导风向的边缘地带,而副林带则多设置在其他三个方向的非主导风向的边缘地段。这些林带最好选择高大、不落叶且枝条茂密的树种,以达到最佳的防风效果。

为了实现各分区之间的有效隔离,鸡场四周和分区之间应设置绿化隔离设施。这包括防疫沟以及树木、水草和灌木等植物,以绿篱的形式为佳,有助于防止疾病的传播和交叉感染。

6.1.3 鸡舍建筑设计

鸡舍的基本构造主要包括基础、墙壁、屋顶、门窗和地面这五大部分,这些元素共同构建了鸡舍的外围护结构,使其能够在不同程度上与外界环境隔绝,从而营造出鸡舍内部独特的环境条件。

基础是鸡舍的重要组成部分,它位于地下,即墙壁埋入土层的部分。而基础下面的那部分承受荷载的土层就是地基。地基与基础相互协作,确保鸡舍的稳定性、防潮性、抗震性和抗冻性,从而保障鸡舍的安全。

为了确保鸡舍在冬季能够保暖,在夏季能够凉爽,墙壁需要具备一定的厚度和良好的隔热性能。此外,墙壁还应具备坚固、耐久、抗震、耐水、防火、抗冻的特性,同时其结构应尽可能简单,以便于日常的清扫和消毒工作。

屋顶是鸡舍外围护结构中同样重要的一部分。屋顶应具备良好的防水、隔热和通风性能。防水材料可选用沥青瓦、金属板或防水卷材等;隔热层可采用与墙壁相同的保温材料;通风设计则需考虑自然通风与机械通风相结合的方式,以确保鸡舍内部空气流通,减少湿度和有害气体积累。

在鸡舍的设计中,门窗的布局与功能至关重要。采光窗需精心安排,确保自然光线能均匀且充足地照射到鸡舍内部,为鸡只提供良好的生长环境。同时,通风口的设置则需依据鸡舍的实际规模和饲养密度来确定其大小与数量,旨在实现空气流通的顺畅无阻,有效调节鸡舍内的温度与湿度,保持空气新鲜。此外,为了防范蚊虫、苍蝇等害虫以及老鼠等害兽的侵扰,门窗部位应配备防虫网或纱窗,并确保门窗关闭时密封性良好,为鸡舍构建起一道坚实的防护屏障。

地面是鸡舍内部活动的场所,它应平整、防滑、耐磨、易清洁,并具有一定的保温性能。地面的材料和铺设方式也需要考虑到鸡舍内部环境的湿度、温度以及清洁度等因素。

6.2 品种选择

6.2.1 标准品种

（1）自来航鸡。一种源自意大利的著名蛋鸡品种，因其最初从来航港运往美国而得名。如今，它已遍布全球，是现代化养鸡业中常用的白壳蛋鸡种。自来航鸡体型小巧，全身羽毛洁白，冠大且鲜红。它们性格活泼，容易受惊，适应力强，产蛋量高，且饲料消耗少。从出壳到 140 日龄开始产蛋，72 周龄时产蛋量可超过 220 个，高产的甚至能超过 300 个。

（2）洛岛红鸡。在美国洛德岛州育成的洛岛红鸡，是一种兼用型鸡种，它是红色马来斗鸡、褐色来航鸡等品种与当地土种鸡杂交而成。有单冠和玫瑰冠两种类型，我国引进的是单冠品种。洛岛红鸡羽毛深红，尾羽黑色，体型略呈长方形。它体质强健，适应性好，产蛋量稳定。

（3）新汉夏鸡。由美国新汉夏州选育而成，外形与洛岛红鸡相似，但背部较短，羽毛颜色较浅。它也是兼用型鸡种，适应性强，产蛋量高。

（4）白洛克鸡。白洛克鸡是洛克品种中的一种，属于兼用型。它全身羽毛洁白，冠、肉垂、耳叶均为红色。白洛克鸡生长迅速，肉质鲜美，产蛋量也相对稳定。

（5）白科尼什鸡。原产于英格兰的康瓦尔的白科尼什鸡，是科尼什品种的一个变种。它体型较大，胸肌和腿肌发达，是优质的肉鸡品种。但产蛋量相对较少。

（6）九斤鸡。原产于中国，是世界著名的肉用品种之一。它体型宽厚，胸部饱满，肉质鲜美。但因体重大，不宜用作孵蛋。年产蛋量在 80 ~ 100 个。

（7）丝毛乌骨鸡。丝毛乌骨鸡原产于中国，主要产区有江西、广东和福建等地。它以药用为主，全鸡可制成"乌鸡白凤丸"等中药。丝毛乌骨鸡体型轻小，羽毛呈丝状，全身乌黑，极具观赏价值。但小鸡抗病力较弱，育雏率较低。

6.2.2 地方品种

地方品种通常是在育种技术尚未成熟之际，缺乏明确的育种目标，也未经过系统的、有计划的选种和选育过程，而在某一地区经过长期的自然饲养和繁衍逐渐形成的。这些品种在生产性能上可能并不突出，体形和外貌特征也缺乏一致性。然而，它们却拥有强大的生命力，对粗放饲养条件有着良好的适应性。我国地域辽阔，家禽品种资源极为丰富，其中，《中国家禽品种志》中收录的本地鸡品种就有 25 个之多。这些品种虽然各有特色，但都是我国家禽养殖业宝贵的遗传资源。我国部分著名的地方品种见表 6-1。

表6-1 我国部分地方鸡种一览表

品种	原产地	经济类型	成鸡体重（kg）公	成鸡体重（kg）母	开产月龄	年产蛋量（枚）	平均蛋重（g）	蛋壳颜色	主要外貌特征
仙居鸡	浙江仙居	蛋用	1.44	1.25	5	180～220	42	褐色	体形轻巧紧凑，腿高，颈长，尾翘，羽色以黄居多，喙、胫、皮肤均为黄色
寿光鸡	山东寿光	兼用	3.3	2.3	8	120～150	65	深褐色	体躯高大，胸深，背长，腿高胫粗，羽毛黑色闪绿色光泽，喙及胫灰黑色，皮肤白色
浦东鸡	上海浦东	肉用	3.5	2.8	7	130	58	深褐色	体躯硕大宽阔，羽以黄色，麻褐色者居多。单冠，肉垂、耳叶和脸均为红色，胫黄色，多数无胫羽
庄河鸡	辽宁庄河	兼用	2.9	2.3	7	160	62	深褐色	腿高颈长，胸深背长，羽色多为麻色，尾羽黑色，喙及胫黄色，胸黄色
北京油鸡	北京北郊	肉用	91	1.7	7	120	56	褐色	体躯宽短，头高颈昂，尾羽上翘，羽色有黄色、麻色两种
桃源鸡	湖南桃源	肉用	3.4	3.0	6.5	86	54	浅褐色	体形高大，呈长方形，腿高，胫长而粗，喙、皮肤白色
固始鸡	河南固始	兼用	2.5	1.8	6～7	140	52	深褐色	体形中等，羽色以黄、麻黄色居多，黑白色很少，喙黄黄色，胸腿青色
萧山鸡	浙江萧山	兼用	3.0	2.5	6～7	130～150	52	褐色	体形较大，羽毛有红、黄、麻色，胫黄色，肉垂、耳叶红色
惠阳鸡	广东惠阳	肉用	2.2	1.8	5	110	46	浅褐色	体形中等，头大颈粗，胸深背阔，腿短，有毛髯，羽毛、喙及胫均为黄色
霞烟鸡	广西容县	肉用	2.2	1.9	6	120	44	浅褐色	体形方圆，冠、肉垂、耳叶红色，羽毛、喙及胫脚均为黄色

6.3　鸡饲料及饲粮配制

6.3.1 常用饲料种类及营养成分

不同种类的饲料各自具有特定的营养成分,共同为鸡提供全面而均衡的营养,确保其健康生长和生产效益。

6.3.1.1 能量饲料

(1)玉米被誉为"能量之王",是养鸡业中不可或缺的主要饲料原料之一。其代谢能含量高达 12.55 ~ 14.10 KJ/kg,同时含有 8.0% ~ 8.9% 的粗蛋白质、3.3% ~ 3.6% 的粗脂肪以及 1.6% ~ 2.0% 的粗纤维。

(2)小麦的能量含量约为玉米的 90%,即 12.89KJ/kg。其蛋白质含量较高,达到 12% ~ 15%,且氨基酸比例相比其他谷类饲料更为完善,同时含有丰富的 B 族维生素。小麦口感好,易于消化,可以作为鸡的主要能量饲料,通常占鸡日粮的 30% 左右。

(3)小麦麸在鸡的饲料中主要作为辅助饲料使用,因为其蛋白质含量、锰和 B 族维生素的含量都相对较高,具有良好的口感。然而,小麦麸的能量含量较低,代谢能仅为 6.53kJ/kg。此外,其营养成分包括约 14.7% 的粗蛋白质,3.9% 的粗脂肪,8.9% 的粗纤维,4.9% 的灰分,0.11% 的钙以及 0.92% 的磷。

6.3.1.2 蛋白质饲料

1. 植物性蛋白质饲料

主要包括豆科植物的籽实及其加工后的副产品。

(1)豆饼和豆粕是通过压榨法或溶剂提油法从大豆中提取油脂后

得到的副产品。其中,压榨法得到的称为"饼",溶剂提油法得到的称为"粕"。这两种副产品是饼粕类饲料中最具营养价值的。它们的蛋白质含量在 42% ~ 46%,其中豆粕的蛋白质含量略高于豆饼,但能量含量则相反。大豆饼(粕)的赖氨酸含量丰富,口感好,营养价值高,通常占日粮的 10% ~ 30%。

(2)菜籽饼(粕)的蛋白质含量约为 34%,粗纤维含量约为 11%,但其口感较差,含有芥子苷。在产蛋鸡的饲料中,菜籽饼(粕)的使用量不应超过 10%,后备鸡则为 5% ~ 10%。经过脱毒处理后,其使用量可以适当增加。

(3)棉籽饼(粕)的蛋白质含量在 32% ~ 42%,氨基酸含量较高,微量元素丰富,粗纤维含量为 10%,但代谢能力较低。棉籽饼(粕)含有有害物质棉酚,其含量取决于品种和加工方法。棉酚具有蓄积性,可能导致鸡中毒,一般不宜单独使用,其在日粮中的比例不应超过 5%。

2.动物性蛋白质饲料

在养鸡业中并不常以其精饲料特性使用。这类饲料的蛋白质和必需氨基酸含量高,矿物质和 B 族维生素含量丰富,特别是维生素 B_1 和维生素 B_2。主要种类包括鱼粉、肉骨粉、血粉、羽毛粉及饲料酵母等。

(1)鱼粉必需氨基酸含量全面,尤其富含植物性蛋白质饲料所缺乏的蛋氨酸、赖氨酸和色氨酸。此外,鱼粉还含有大量的 B 族维生素和丰富的钙、磷、锰、铁、锌、碘等矿物元素以及硒和促生长未知因子,这些都是其他饲料所无法比拟的。鱼粉可用于调节日粮氨基酸的平衡,对鸡的生长、生产和繁殖都有良好的促进作用。其粗蛋白质含量在 55% ~ 77%。

(2)肉骨粉是由屠宰场或病死畜尸体等经过高温、高压处理、脱脂干燥后制成的。其营养价值取决于原料的种类和质量,饲用价值略逊于鱼粉,蛋白质含量约为 50%,脂肪含量较高。在日粮中,雏鸡的肉骨粉使用量不应超过 5%,成鸡则可占 5% ~ 10%。

6.3.1.3 矿物质饲料

(1)石粉、贝壳粉和蛋壳粉都是钙的主要来源,它们被广泛用作饲料补充剂。在这三者中,贝壳粉因其高钙含量和良好的吸收性而被视为最佳选择。石粉同样含有丰富的钙,且价格相对实惠。蛋壳经过彻底的清洗、煮沸和粉碎后,也可以成为鸡只理想的钙质来源。在雏鸡的日粮中,这类钙源通常占 1% 左右;而在产蛋鸡的日粮中,其比例则提升至 5% ~ 8%,以满足鸡只生长发育和产蛋的钙质需求。

(2)骨粉、磷酸钙和磷酸氢钙都是优质的钙磷补充饲料。骨粉是由动物骨骼经过高温、高压、脱脂和脱胶处理后粉碎而成的,但不同加工方法会导致品质上的显著差异,因此使用时需留意其新鲜度,避免使用变质产品。磷酸钙中含有氟和钒等杂质,未经适当处理不宜直接作为饲料使用。通常,骨粉在日粮中的用量为 1% ~ 2.5%,磷酸钙的用量则在 1.1% ~ 1.8%,以维持饲料中钙磷的平衡。

(3)食盐是鸡只获取钠和氯两种元素的重要来源。雏鸡的日粮中,食盐的添加量应控制在 0.25% ~ 0.3%;成鸡的日粮中,食盐的添加量则应为 0.39% ~ 0.4%。若日粮中已包含咸鱼粉等含盐成分,则需仔细判断或测定其含盐量,并在配制饲料时相应减少食盐的添加量,以避免鸡只因摄入过多食盐而发生中毒。

6.3.1.4 维生素饲料

维生素饲料主要分为两大类。一类是自然来源的青绿饲料及其加工产品,如青贮料和青干草粉等。另一类则是市面上出售的商品维生素添加剂。青绿多汁的饲料含有丰富的胡萝卜素和一些 B 族维生素,口感好,能够有效地刺激鸡的食欲,这在农村小规模养鸡时是一种非常实用的资源。然而,在较大规模的养鸡场,直接使用青绿饲料可能会有些困难,因此更多地使用其加工产品。随着养鸡业的不断发展,平衡日粮的概念逐渐普及,它强调全面提供鸡只所需的营养,而维生素的供应也逐渐转向维生素添加剂的使用。在这种背景下更应重视自然资源的开发利用,以丰富养鸡业的饲料来源。

6.3.2 饲料配制

饲料配方设计的方法多种多样,各饲料厂家都有自己的一套方案。这里介绍一种常用的方法——试差法,又称"试差调整平衡法"。

试差法是一种基于经验和反复调整的饲料配方设计方法。根据经验或参照类似配方,初步拟定一个大致的原料配比方案。将这个初步方案的营养成分与饲养标准进行对比。如果某一营养成分不足或过剩,就需要调整原料的配比,然后再次计算,如此反复,直到这个方案的营养成分与饲养标准非常接近为止。

要确定所使用的原料种类,了解每种原料的营养成分,可以通过查阅相关资料或直接进行化验得到。然后,根据原料的数量、营养价值和价格等因素,确定一些主要原料的用量。其中,玉米和豆粕等主要原料的用量可以不受限制,而其他原料的用量则应尽量控制,以便后续的调整。例如,如果用玉米、豆粕、麸皮、鱼粉、大豆油、磷酸氢钙、石粉等来配制蛋鸡的高产期日粮,就可以按照上述步骤来进行。首先,列出所用饲料的营养成分和饲养标准。然后,确定某些原料的用量,如进口鱼粉限制在3%,大豆油用量限制在1%,矿物质总量限制在9%等。接着,草拟配方并计算能值和粗蛋白质含量,根据计算结果进行调整。之后,再调整钙、磷和氨基酸的含量,最后补充微量元素和维生素。通过这种方法可以得到一个既符合饲养标准又经济合理的饲料配方。

6.4 鸡的饲养管理

6.4.1 蛋鸡的饲养管理

现代化养鸡生产的基础包括健康优质的鸡种、营养均衡的配合饲料、适宜鸡舍环境、先进的机械化设施以及严格的防疫措施。养鸡生产的使命则是运用现代化的饲养管理技术,结合当地实际情况,培育出品质上乘、生长均衡的高产鸡群,从而充分发挥优秀鸡种的遗传潜能,实现更高的经济效益。

此外,鉴于鸡的生产目标各异,饲养管理的要求亦有所不同。因此,在实际生产过程中必须根据鸡的生理特性及生产需求,进行科学合理的饲养管理。

6.4.1.1 雏鸡饲养技术

育雏期是指雏鸡从出生到6周龄的成长阶段。在这一阶段,雏鸡的绒毛紧贴体表,保温能力较弱,特别是在10日龄前,因为神经系统尚未完全发育,体温调节功能相对较差。然而,随着20日龄后羽毛的逐渐生长和神经系统的进一步完善,雏鸡对环境温度变化的适应能力会逐渐增强。因此,在育雏期间,温度的调节显得尤为关键,应根据雏鸡的生长情况逐渐降低温度,直至其能够自我调节体温。

在育雏阶段,雏鸡的体重会迅速增长,6周龄时的体重比初生时增长超过10倍。这是因为雏鸡此时处于生长发育的高峰期,新陈代谢活跃,主要以器官和组织的发育为主。此阶段的器官组织发育状况对后续的体重增长和产蛋能力具有至关重要的影响。此外,雏鸡身体娇小,抵抗力较弱,容易患病,且缺乏自我保护能力。因此,在饲养管理中需要格外细心照料,做好防病工作,确保雏鸡健康成长。

(1)初生雏鸡的运输与安置。初生雏鸡的运输必须使用专门的雏鸡箱,确保在运输过程中箱子平稳、通风良好。根据季节和气候的变化,应做好相应的保温、防暑、防雨和防寒措施。到达目的地后,应尽快将雏鸡箱搬入育雏舍,让雏鸡稍作休息后,再进行计数和移出。

(2)雏鸡的初次喂食与日常饲喂。雏鸡的第一次喂食称为开食。开食的时间应适中,过早开食可能因雏鸡消化器官尚未发育完全而损害其健康,过晚开食则可能因雏鸡不能及时获取营养而导致虚弱,影响后续的生长发育和成活率。实验表明,雏鸡出壳后24～36h开食的死亡率最低。在实际饲养中,当雏鸡饮水2h后,约有60%～70%能够自由走动并表现出啄食行为时,即可开始喂食。

(3)雏鸡的管理要点。雏鸡的健康生长离不开适宜的饲养环境,其中温度、湿度、通风、光照和饲养密度是影响其生长的关键因素。

首先,温度是育雏成功的基石。新生雏鸡体温调节能力较弱,因此最初需要较高的温度来确保其舒适和正常发育。育雏初期,温度可控制在33～35℃,随后每周逐渐降低2～3℃,直至达到18℃时脱温。

为了确保舍内光照均匀,应根据鸡对光照强度的要求,合理布置灯头,并安装灯光控制器以实现定时开关灯。此外,还应定期更换损坏的灯泡,并清除灯泡上的灰尘,以保持光照强度(表6-2)。

表 6-2　蛋用鸡的光照方案

周龄（h）	0 ~ 0.5	0.5 ~ 17	1 8	20	22	24	26	26周后
密闭式舍恒定法								
光照时间（h/d）	23	8 ~ 10	11	12	13	14	15	16
光照强度（lx）	20	10	10	10	10	10	10	10
开放式舍恒定法								
光照时间（h/d）	23	自然光照	11	12	13	14	15	16
光照强度（lx）	20	10	10	10	10	10	10	10
开放式舍渐减法								
光照时间（h/d）	23	自然光照	13	13.5	14	14.5	15	16
光照强度（lx）	20	10	10	10	10	10	10	10

注：1.密闭式舍恒定法适用于日照逐渐增加季节,自然光照期间多于10h时应该人工遮光。2.开放式舍恒定法适用于育成期处于日照逐渐减少季节。

其次,过高的饲养密度会导致舍内有害气体增加、湿度升高、垫草潮湿,同时限制雏鸡的活动空间,增加啄癖行为的发生,影响采食均匀性和生长发育。过低的饲养密度则会导致房舍设备利用率低下,增加饲养成本。因此,在实际生产中,应根据房舍结构、饲养方式和雏鸡品种的不同,确定合理的饲养密度。

6.4.1.2 蛋鸡饲养技术

产蛋鸡饲养管理的核心目标是最大限度地削弱或避免那些可能对产蛋鸡的生产性能产生负面影响的因素。为了达到这一目标,需要为产蛋鸡创造一个理想的生长环境,包括适宜的温度和湿度以及清新的空气。同时,还应确保实施合理的光照制度,提供全面均衡的饲料和清洁卫生的饮水。此外,适当的饲养密度也是必不可少的,这有助于减少各种病原微生物和寄生虫的感染风险。通过这些措施,可以为蛋鸡的健康和产蛋创造一个最佳的环境,使其生产潜力得到充分释放。这样不仅可以降低饲养成本,减少蛋的破损率和鸡群的死亡率,还能提高经济效益,实现可持续发展。①

1. 蛋鸡的饲养

蛋鸡群如果表现出卓越的生产性能,那么在它们达到 500 日龄时,每只入舍母鸡的总产蛋量能够高达 18 ~ 19kg,这相当于它们自身体重的 8 ~ 9 倍。在产蛋期间,它们的体重还会增加 30% ~ 40%。同时,这些蛋鸡所消耗的饲粮量大约是它们体重的 20 倍。因此,在饲养过程中,必须精心研究与计算,力求用最少的饲粮来全面满足蛋鸡的营养需求。这样不仅可以确保鸡群的健康与正常生长,更能充分发挥它们的产蛋潜力,从而实现良好的经济效益。

在能量需求方面,产蛋鸡不仅要满足其基本的维持需求,还需额外满足产蛋所需的能量。维持需求受到鸡的体重、日常活动量以及环境温度等因素的影响。比如,体重较大的鸡、活动更为频繁的鸡以及在极端温度环境下生活的鸡,其维持需求的能量会相应增加。而产蛋需求则与产蛋水平直接相关,产蛋量越高,能量需求也就越大。研究表明,产蛋鸡所需能量的 2/3 用于维持其基本生命活动,而剩下的 1/3 则用于产蛋。因此,在饲养产蛋鸡时,必须确保它们获得足够的能量以满足维持需求,进而支持其产蛋活动。否则,鸡可能会减少产蛋量甚至停止产蛋。

由于产蛋鸡在不同生理阶段和产蛋水平下对营养的需求有所差异,因此,需要根据鸡的年龄段和产蛋表现来划分不同的饲养阶段,并针对性地调整饲料营养水平,这就是所谓的阶段饲养。在实际操作中,阶段划分通常采取两段法或三段法,而三段法由于更为细致,因此更为科学合理。采用三段饲养法,不仅能使产蛋高峰更早出现、上升速度更快,还能延长高峰期持续时间,从而提高总体产蛋量。我国的产蛋鸡饲养标准正是基于这三个阶段制定的,以确保鸡只在不同阶段都能获得最适宜的营养支持。

2. 蛋鸡的管理

(1)适宜的环境条件。环境条件中的温度、湿度、空气流通情况和光照对于产蛋鸡的生产效率及饲料利用效率起着至关重要的作用。为确保产蛋鸡高产并稳定地保持这一水平,营造适宜的饲养环境显得尤为重要。

① 吴健.畜牧学概论[M].北京:中国农业出版社,2006:138.

　　环境温度直接影响着产蛋鸡的产蛋数量、蛋重、蛋壳质量以及饲料的使用效率。由于鸡的体温较高,新陈代谢活跃,产生的热量多,且鸡体被羽毛覆盖,不易散热。因此,产蛋鸡对高温环境的耐受能力较弱。当环境温度达到 32℃时,鸡会出现张口喘气的现象,采食量减少 20%,饮水量则几乎翻倍。若持续高温达到 38℃,鸡在短短 3h 内就可能因中暑而死亡。相对而言,产蛋鸡对低温的耐受能力较强,冬季舍内温度只要保持在 5℃以上,对生产的影响就不会太大。

　　(2)蛋鸡日常管理要点。

　　①观察鸡群动态。这不仅是饲养管理中的重要一环,更是确保鸡群高产稳产的关键措施。通过观察鸡群的整体状况、食欲和行动情况,可以及时发现病鸡并隔离治疗,避免疫情扩散。同时,定期观察鸡蛋质量、采食情况,可以及时调整饲养管理策略,确保鸡群健康和生产效益。

　　②严格执行饲养规程。饲养人员应确保每天的工作如开灯、关灯、喂水、喂料、拣蛋、清粪、消毒等都按时完成,且质量达到标准。

　　③及时拣蛋。根据产蛋时间和产蛋量,合理安排拣蛋次数,通常每天应拣蛋 2～3 次。

　　④做好记录工作。记录日常管理中的各项数据,如死亡数、产蛋数、产蛋量、蛋重、料耗等,有助于了解鸡群的实际生产动态和日常活动情况,为生产决策提供有力依据。同时,通过对比以往生产情况,可以及时发现并解决问题,提高生产效率。

6.4.2 肉鸡的饲养管理

6.4.2.1 肉用仔鸡饲养技术

1. 肉用仔鸡饲养方式 [①]

　　(1)厚垫料地面饲养法。在这种饲养方法中,雏鸡被饲养在铺满厚垫料的地面上。垫料可以选择吸水性强、清洁不霉变的材料,如

---

① 席磊,范佳英.鸡场环境控制与福利化养鸡关键技术[M].郑州:中原农民出版社,2017:111.

稻草、麦秸、玉米芯等，长度一般铡至 3 ~ 5cm，整体垫料厚度保持在 10 ~ 12cm。

为了降低饲养成本和提高工作效率，有时可以使用旧垫料饲养肉用仔鸡。但使用前必须对旧垫料进行彻底消毒，并去除潮湿、板结的垫料。

（2）网上饲养法。网上饲养是将雏鸡放在距离地面约 60cm 高的铁丝网或塑料网上，鸡粪通过网孔落到地面上，整个饲养周期只需清粪一次。网孔大小约为 2.5cm×2.5cm，前两周为防止雏鸡脚爪落入网孔，可在网上铺设网孔更小的塑料网或硬纸，或铺设 1cm 厚的稻草、麦秸等，两周后撤去。网上饲养需要较高的初期投资，对饲养管理技术也有一定要求，必须注意通风和营养物质的补充，以防止维生素和微量元素的缺乏。

（3）笼养法。笼养是将雏鸡饲养在 3 ~ 5 层的笼子内。这种方法提高了房舍利用率，便于管理，同时减少了鸡的活动量，节省了饲料。笼养具有网上饲养的诸多优点，如减少疾病传播、节省劳动成本等，同时提高了劳动效率。

2. 肉用仔鸡饲养的注意事项

（1）适时开食、饮水。

①饮水管理。雏鸡在出壳后的 24h 内，应确保其获得充足的饮水，避免由于长时间未饮水导致的脱水现象。在雏鸡进舍前，需预先合理布置饮水器，确保每只雏鸡都能便捷地饮用到水。饮水器的数量应根据雏鸡数量进行配置，每 1000 只鸡大约需要 15 个雏鸡饮水器，待 3 周龄后可换用更大的饮水器。若采用长型水槽供水，应确保每只鸡拥有至少 2cm 直线的饮水空间。乳头供水系统则适用于大规模饲养，每个乳头可供应 10 ~ 15 只鸡的饮水需求。饮水器应放置在喂料器与热源之间，并尽量靠近喂料器，以便雏鸡在进食后能立即饮水。饮水应持续供应，不可中断。饮水设备边缘的高度应略高于鸡背，以便雏鸡轻松饮水。同时，饮水器下方的垫料需定期更换，以保持环境的清洁卫生。

②开食管理。雏鸡初次饮水后的 2 ~ 3h，或当约 30% 的雏鸡能够自由走动并表现出啄食地面的行为时，即可开始喂食。开食时，应将饲料放置在雏鸡易于接触到的位置，开食料的投放量不宜过多，应少量多次添加，并密切观察雏鸡的采食情况。对于尚未开始采食的雏鸡，需进行诱导，确保其能够顺利进食。

（2）喂料。雏鸡在初次进食后的 2 ~ 3d 内,应逐渐过渡至使用专业的喂料器,并开始喂食营养均衡的配合饲料。这种配合饲料需确保营养丰富、易于消化吸收,且饲料应保持新鲜,颗粒大小适中,便于雏鸡啄食。

在使用料桶进行喂养时,一般每 30 只鸡配置一个料桶。在雏鸡 2 周龄前,建议使用容量为 3 ~ 4kg 的料桶;而在 2 周龄后,则应更换为容量更大的 7 ~ 10kg 料桶。

肉用仔鸡的喂养应随着体重的增长相应减少喂养次数,喂养次数在第一周为每天 8 次,第二周减少至 7 次,第三周再减少至 6 次,之后则保持每天 5 次即可。

6.4.2.2 肉用种鸡的饲养技术

肉用种鸡的生产性能,很大程度上受到饲养方式的影响。基于肉用种鸡的体重变化,不同品系以及不同生长发育阶段的肉用种鸡,体重增长变化都有所不同。制定限制饲养方案必须根据育种公司提供的不同生产阶段的体重标准,灵活调整限制饲养方法和限制程度,以达到最佳的饲养效果。

实施合理的限水措施,可以维持垫料的干燥状态,降低鸡舍内有害气体的浓度,从而创造出更为适宜的饲养环境。同时,这一措施还有助于减少肉用种鸡胸腿部的疾病,以及在产蛋期间减少种蛋的污染。

具体限水方法:在喂料日的上午,投料前 1h 至投料结束后的 1 ~ 2h,应充分供水。下午通常不喂料,但可供水 2 ~ 3 次,每次供水持续 20 ~ 30min,并在关灯前 1h 再供水一次。当气温高于 29℃时,每小时应供水 20min,若舍内温度超过 32℃,则需保持持续供水。断水的时长可根据鸡嗉囊的软硬程度来判断,触摸时感觉柔软即为合适,若感觉坚硬则说明断水不足。

在限制饲养期间,应尽量减少应激因素对鸡群的影响。应密切观察鸡群状况,在鸡群进行断喙、接种疫苗、投药、转群、抓鸡称重或气候变化等关键时期,需提前作好应对准备,如通过加喂抗应激营养素或适当调整饲料营养来减少应激反应。这些措施有助于维持鸡群的健康和稳定,确保肉用种鸡的生产性能不受影响。同时,饲养人员应定期清理鸡舍,保持环境的清洁卫生,减少疾病的发生。对于出现的疾病或异常情况,应及时处理,防止病情扩散。此外,合理安排饲养密度,确保鸡只有足够的活动空间,也是减少应激、提高饲养效果的重要措施。

6.5 鸡常见疾病的防治

6.5.1 病毒性疾病的种类及防治

6.5.1.1 鸡新城疫

【主要症状】

典型新城疫的主要症状包括体温显著升高,呼吸困难,排泄灰色或黄绿色稀粪,腿部麻痹导致站立不稳,最终陷入昏迷并死亡,病程通常持续 2 ~ 5d。非典型新城疫则表现为不同程度的呼吸道症状,后期可能出现头部歪斜、颈部扭曲、身体反弓等神经症状。

根据该疾病的流行特性、主要症状和病理变化,可以初步判断疾病类型。新城疫病毒对多种禽类具有易感性,其中鸡最易感染。病鸡是主要的传染源,病毒通过呼吸道感染传播。[1]

【防治措施】

加强卫生防疫工作,并定期进行免疫接种。雏鸡早期免疫可选用 I 系和 IV 系弱毒苗,而 2 月龄以上的鸡则应使用 I 系苗进行免疫或加强免疫。对于各年龄段的鸡,都可以使用油乳剂灭活苗进行免疫。在非疫区,建议于鸡 10 日龄时进行首次免疫,30 ~ 35 日龄时加强免疫一次。在疫区,应在鸡 1 ~ 3 日龄时滴鼻接种新城疫 - 传支二联苗,14 ~ 18 日龄时再用 IV 系苗加强免疫一次。

---

① 张德群. 动物疾病速查速治手册 [M]. 合肥:安徽科学技术出版社,2009:66-67.

6.5.1.2 传染性法氏囊炎(甘保罗病)

该疾病主要影响鸡和火鸡,特别是 3 ~ 6 周龄的幼鸡最易感染。患病或携带病毒的鸡是主要传染源,它们可以通过消化道和呼吸道将病毒传播给其他鸡只。此病一年四季均可发生,但 4 ~ 6 月份发病率较高,通常呈地方流行性或流行性。一旦发病,鸡群的发病率几乎为 100%,而死亡率则大约在 50% 左右。

【主要症状】

患病的鸡通常会表现出厌食、间歇性腹泻、排出黄白色水样粪便以及脚爪干枯等症状,最终因衰竭而死亡。传染性法氏囊炎病毒会损害鸡的中枢免疫器官——法氏囊,导致鸡对其他病原体的易感性增强,同时降低对疫苗接种的应答能力,使得免疫接种效果减弱或失效。

通过观察流行特点、主要症状以及病理变化,可以初步判断鸡群是否患有传染性法氏囊炎。但要确诊,必须进一步分离并鉴定传染性法氏囊炎病毒。

【防治措施】

(1)加强饲养管理,提高鸡群的抗病力。

(2)加强卫生防疫工作,避免从疫区引进种鸡。

(3)定期免疫接种也是关键。在非疫区,建议于鸡 10 ~ 14 日龄时进行首次免疫,8 ~ 10d 后加强一次;在疫区或强毒株威胁区,则应在 7 ~ 10 日龄时首次免疫,8 ~ 10d 后进行第二次免疫,再过 8 ~ 10d 进行第三次免疫。在选择疫苗时,需要权衡其毒力与突破母源抗体干扰的能力。目前,以色列生产的中间毒株活疫苗被认为效果较好,适用于肉种鸡和蛋鸡的饮水免疫。

6.5.1.3 鸡传染性喉气管炎

这种疾病主要感染鸡,特别是成年鸡。带毒或患病的鸡是主要传染源,它们通过呼吸道及眼内感染将病毒传播给其他鸡只。该疾病一年四季都可能发生,但秋季和冬季更为常见。

【主要症状】

在症状方面,根据感染程度的不同,疾病可以分为喉气管炎型和眼型。喉气管炎型(重症型)的鸡会流出浆液性分泌物,出现咳嗽和呼吸困难的症状,吸气时伸颈并发出长鸣声,最终可能因窒息而死亡。整个病程持续 3 ~ 5d,死亡率高达 50% ~ 70%。眼型(轻型症)的鸡则表现为眼睑极度肿胀,甚至无法睁开眼睛或失明。大部分患眼型的鸡在 15d 左右能够恢复,死亡率低于 10%。

根据疾病的流行特点、主要症状以及病理变化,可以初步判断鸡是否患病。但要确诊,需要进一步分离并鉴定病毒。

通过病理剖析,可以发现病鸡的喉头和气管黏膜肿胀,并覆盖有一层黏液性或纤维素血性渗出物。如果病程稍长,这些渗出物会变为干酪样假膜,堵塞气管。[①]

【防治措施】

采取严格的防疫、消毒和免疫接种等综合措施。目前,国内广泛使用弱毒冻干苗进行预防。在疫区或受威胁区,建议于鸡 20 ~ 25 日龄时进行首次免疫,50 日龄时再进行一次免疫,免疫途径为点眼或滴鼻。

6.5.1.4 禽流感

禽流感的流行特点体现在各种家禽和野禽中均有可能感染,其中鸡和火鸡尤其易感。不同毒力的病毒株对鸡只的影响程度也不同,高毒力株可能导致大批鸡只死亡,而低毒力株则可能只导致少数鸡只死亡或没有死亡。患病的家禽是主要传染源,它们通过消化道和呼吸道将病毒传播给其他家禽。此病多发生在晚秋、早春以及寒冷的冬季,并呈现流行性或地方流行性。

【主要症状】

在症状方面,不同毒株导致的禽流感症状差异很大。高毒力株(如 Hs、Hz 亚型)引起的禽流感通常表现为突然发病和高死亡率,有时甚至可能在两天内导致整个鸡群覆没。中等毒力株(如 H 亚型)则主要表现为轻微的呼吸道症状,产蛋率、受精率和孵化率下降,但死亡率较低。目前,我国发生的主要临床类型多属于中等毒力株禽流感。

通过观察流行特点、主要症状以及病理变化,可以初步判断家禽是否患有禽流感。但要确诊,必须进一步分离并鉴定病毒。

---

① 张德群.动物疾病速查速治手册[M].合肥:安徽科学技术出版社,2009:48.

通过病理剖检,可以发现高毒力株禽流感在病程较短时可能无明显病变,病程稍长者可见皮肤、冠和内脏器官有不同程度的充血、出血和坏死。低毒力株禽流感的主要病变包括气管充血、点状出血、肺泡炎、腹膜炎以及肺泡退化等。

【防治措施】

（1）要控制传染源,防止病毒传入鸡群。

（2）加强饲养管理,提高鸡只的抗病力。一旦高毒力株禽流感暴发,应果断采取扑杀措施,封锁和消毒疫区,严防病毒的传播扩散。

（3）推荐使用油乳剂灭活苗进行免疫接种,而不是依赖药物治疗。

6.5.1.5 产蛋下降综合征(EDS)

此病的流行特点体现在各品种鸡均有发病风险,但特别以 25 ~ 32 周龄的蛋鸡最为易感,而 35 周龄以上的鸡则较少发病。病鸡或带毒鸡是主要的传染源,它们主要通过卵进行垂直传播。此外,本病并没有明显的季节性,且传播速度相对较慢。

【主要症状】

在主要症状方面,病鸡会突然出现群体产蛋率下降 20% ~ 50% 的现象,这种情况需要经过 4 ~ 10 周的时间才能逐渐恢复,但即使恢复,产蛋率也难以达到正常水平。产蛋曲线会呈现出典型的"双峰形"。同时,减蛋的过程中还会伴随蛋壳褪色,产出薄壳蛋、软壳蛋、粗壳蛋、无壳蛋和畸形蛋等情况。

根据流行特点、主要症状和病理变化,可以初步判断病情。但要确诊,还需进行病毒的分离与鉴定。病理剖检结果显示,病鸡的输卵管峡部及子宫会出现卡他性炎症,黏膜出血,卵巢萎缩变小。

【防治措施】

（1）通过免疫接种、净化鸡群以及加强饲养管理等措施来控制病情。在鸡群 14 ~ 18 周龄和开产前,应使用减蛋综合征油乳剂苗进行免疫,免疫期一般为 10 ~ 12 个月,以确保整个产蛋期不受感染。

（2）对于已经患病的鸡群,可以在饲料中添加适量的蛋白质、钙、维生素 E、维生素 B_{12} 以及抗生素等,以增强它们的抗病力。

（3）使用高免卵黄液进行早期治疗也是一种有效的方法。每天肌肉注射 1 ~ 2mL,隔日重复一次,通常能取得良好的治疗效果。

6.5.2 细菌性疾病的种类与防治

6.5.2.1 鸡大肠杆菌病

各种鸡均容易感染此病,尤其是幼龄鸡更为易感。病鸡和带菌鸡是主要的传染源,它们通过消化道、呼吸道和卵进行传播。此病一年四季都可能发生,但冬末春初时发病情况较为严重,多呈现地方流行性。

【主要症状】

在主要症状方面,急性型病例通常表现为体温升高,并可能在没有腹泻症状的情况下突然死亡,死亡率高达 50% ~ 69%。亚急性型病例则主要表现为剧烈的腹泻,排出灰白色粪便,并可能伴有心包炎、气囊炎和卵黄性腹膜炎。慢性型病例则主要表现为关节滑膜炎,导致鸡无法站立,病程往往超过 10d。

基于流行特点、主要症状以及病理变化,可以进行初步的诊断。然而,为了确诊,还需进行细菌的分离和鉴定。

通过病理剖检,可以观察到急性型病例的内脏器官出现充血、出血和肿大。亚急性型病例则表现为心包内充满淡黄色纤维性渗出物,心包膜变得浑浊并与心肌粘连;气囊肿胀,囊壁增厚;输卵管膨大,内有纤维蛋白。慢性型病例的鸡关节肿大,关节液变得浑浊,并有脓性或干酪样渗出物。

【防治措施】

采取科学的饲养管理措施,并加强卫生防疫工作,特别是做好免疫预防。由于大肠杆菌存在多种血清型,且各型间没有交叉保护力,因此应分离当地的优势血清型菌株,制备自家(多价)疫苗用于免疫接种。雏鸡在 7 ~ 10 日龄时应进行首次免疫,种鸡则在 4 ~ 18 周龄期间各进行一次免疫,注射量为 0.5 ~ 1mL。

由于大肠杆菌容易产生耐药性变异,治疗时应首先对分离菌株进行药敏试验,以选择高敏感度的药物。如果条件不允许进行药敏试验,可选用硫酸粘菌素水溶性粉进行内服治疗,每只鸡 5 ~ 10mg/kg,每天两次,或选择饮水给药方式,每升水中加入 50mg 的环丙沙星。

6.5.2.2 鸡白痢

急性败血型病鸡表现为下痢,排出白色糊状粪便,由于粪便常糊住肛门,鸡在排粪时会发出尖叫声;后期可能出现呼吸困难,最终衰竭而死。

【主要症状】

主要症状包括急性败血型、脑炎型和肺炎型。[①]

脑炎型病鸡主要症状为头颈扭曲或共济失调,最终可能出现惊厥、抽搐并死亡。肺炎型病鸡则表现为明显的呼吸困难和咳嗽,不时甩头,最终死亡。通过观察流行特点、主要症状和病理变化,可以进行初步的诊断。但要确诊,还需进行鸡白痢沙门菌的分离与鉴定。

【防治措施】

(1)定期进行检疫,及时淘汰阳性鸡,以净化鸡群。

(2)对种蛋、孵化室及其器具进行严格消毒,以消除传染源。

(3)雏鸡出壳后,使用抗菌药物或微生态制剂进行为期 7d 的预防。常用的抗菌药物包括恩诺沙星、吉他霉素和盐酸金霉素。使用时,可以将恩诺沙星按每千克水加 25 ~ 50mg 的量加入饮水中,让鸡自由饮用;或将吉他霉素按 0.02% 的比例拌入饲料中饲喂;或将盐酸金霉素按每千克饲料拌入 150mg 的量加入饲料中。

6.5.2.3 鸡传染性鼻炎

各品种、各年龄的鸡都可能感染此病,其中成年鸡的发病率最高,中雏次之,雏鸡则稍具抵抗力。病鸡或带菌鸡是主要的传染源,它们通过呼吸道和消化道进行传播。此病一年四季都可能发生,但以秋、冬季更为多发。初次感染的鸡群往往呈现暴发流行,发病率高达 100%,但死亡率通常不超过 20%。

【主要症状】

主要症状包括鼻道和颜面窦发炎,流出浆液性或黏液性分泌物。面部及眼睑可能出现肿胀,结膜也会发炎。在严重的情况下,整个头部都

---

① 张德群.动物疾病速查速治手册[M].合肥:安徽科学技术出版社,2009:88.

可能肿胀,眼睛下陷。

通过病理剖检,可以观察到一侧或两侧颜面肿胀,鼻黏膜和颜面窦黏膜充血,并附有大量黏液。在病程后期,这些黏液可能呈现干酪样。

【防治措施】

(1)在鸡群中接种传染性鼻炎油乳剂疫苗。在 30 ~ 40 日龄时进行首次免疫,每只鸡接种 0.3 ~ 0.5mL;在 110 ~ 120 日龄时加强免疫一次,每只鸡皮下注射 0.5 mL,这样可以有效地保护整个产蛋周期。此外,我们还应加强饲养管理,减少或避免应激因素,以提高鸡的抗病力。

(2)治疗方面首选酒石酸泰乐菌素。对于肉鸡可以使用复方磺胺氯哒嗪钠进行内服治疗,每千克体重使用 24mg,每天两次。如果条件允许,应进行菌株的分离并进行药敏试验,以选择敏感药物进行治疗。

6.5.3 真菌性疾病的种类与防治

本节主要以鸡曲霉菌病(曲霉菌性肺炎)为例。在流行特点方面,雏鸡是易感群体,常呈现急性暴发态势。成年鸡则多呈现慢性散发状态。被污染的垫草、空气以及霉变的饲料都是主要的传染源,主要通过消化道和呼吸道进行感染,尤其在温暖潮湿的季节更为多发。

【主要症状】

病鸡初期常表现为嗜睡和呼吸困难,鼻孔流出浆液性分泌物。到了后期可能出现下痢、消瘦等症状。如果不及时治疗,死亡率高达 50%。

初步诊断主要依据流行特点、主要症状以及病理变化来进行。然而,为了确诊,需要通过镜检观察到特征性的菌丝和孢子。

在病理剖检时,可以观察到鸡的肺部出现粟粒大小、黄白色或灰白色的结节,质地坚硬。当切开这些结节时,会呈现出层次结构,中心为干酪样坏死组织,其中含有菌丝体。

【防治措施】

(1)采取综合防治措施,包括加强饲养管理,保持鸡舍卫生。

(2)严禁使用霉变饲料和发霉垫料。

(3)加强孵化全过程的卫生管理。一旦发现禽群发病,应立即更换垫料或霉变饲料,清扫并消毒育雏室。

(4)在饲料中添加土霉素钙,以防止继发细菌感染。

(5)使用克霉唑(三苯甲咪唑),按照每只鸡每次 1g 的比例拌入饲料中喂服,每天两次,连用 3 ~ 5d。

6.5.4 寄生虫病的种类与防治

6.5.4.1 鸡球虫病

鸡是此病的唯一发病对象,主要经过消化道感染,此病在全球范围内均可见到。雏鸡在 15 ~ 50 日龄时发病率尤高,死亡率有时可高达80%。所有年龄和品种的鸡都有患病的风险。若饲养管理不当,如鸡舍潮湿、拥挤或卫生状况差,都极易诱发此病,并会迅速在整个鸡群中传播。疾病的发生与气温和降雨量有密切关系,温暖季节更为流行。在全年孵化和笼养的现代化养鸡场中,此病一年四季都可能发生。

【主要症状】

患病鸡初期会拒绝饮食,随后出现下痢症状,甚至排出鲜血。病鸡会聚集在一起,颤抖不止,临死前体温会明显下降。重症病例会伴有严重贫血和自体中毒,进而引发严重的神经症状和死亡。

【防治措施】

(1)感染后 96h 内及时给药治疗。同时,应储备治疗效果好的药物,以防鸡球虫病突然暴发。

(2)治疗方法包括使用磺胺二甲嘧啶(SM2)混入饮水中,连续使用2d,或者按较低比例混用 4d,但需注意休药期。此外,磺胺喹恶啉(SQ)和地克珠利也是有效的治疗药物,但需遵循特定的用药方案和休药期要求。

(3)在预防方面,药物预防和免疫预防是两种主要手段。目前常用的抗球虫药包括盐酸氨丙啉、地克珠利、二硝托胺、氯羟吡啶等。预防应从雏鸡出壳后的第 1d 开始,并需注意合理使用药物,以避免虫体产生抗药性。在实际应用中,可以采用穿梭方案和轮换方案来防止抗药性的产生。对于一直饲养在金属网上的后备母鸡和蛋鸡,通常不需要采用药物预防。对于从平养转为笼养的后备母鸡,需在笼养前使用常规剂量的抗球虫药进行预防,上笼后则无需再用药。此外,免疫预防也是一种有效的方法,可以通过将球虫疫苗混入幼雏饲料或直接喷入鸡舍饲料和饮水中进行预防。

6.5.4.2 鸡蛔虫病

感染途径主要是鸡只吞食了被感染性虫卵污染的饲料和饮水,或是食用了携带有感染性虫卵的蚯蚓。易感群体主要为4月龄以内的雏鸡,地面大群饲养的情况下,感染情况尤为严重,甚至可能导致大批鸡只死亡。

【主要症状】

鸡蛔虫病主要临床表现包括生长发育受阻,精神不振,行动迟缓,常常呆立不动,翅膀下垂,鸡冠颜色苍白;同时出现消化障碍,表现为下痢和便秘交替,有时在稀粪中可见带血的黏液,最终因逐渐衰弱而死亡。对于成年鸡,感染可能导致产蛋量明显下降。

病理剖检显示,肠黏膜呈现发绀出血,肠壁上有颗粒状的化脓灶或结节。在严重感染的情况下,肠内可见大量成虫聚集,相互缠结,有时甚至导致肠破裂和腹膜炎。

【防治措施】

(1)采用药物:芬苯达唑,按体重50mg/kg的剂量,单次内服;左旋咪唑,体重25mg/kg,单次内服;氟苯咪唑预混剂,每千克饲料添加30mg,连续使用4~7d。

(2)预防方面:建议将雏鸡与成年鸡分开饲养,以减少交叉感染的风险。鸡舍和运动场的粪便应每日清除,保持环境清洁。饲槽和饮水器应每隔1~2周用沸水进行彻底消毒。每年进行2~3次定期驱虫,雏鸡在2月龄时进行首次驱虫,蛋鸡在产蛋前1个月再进行一次驱虫,同时加强饲养管理,确保鸡只健康。

6.5.4.3 组织滴虫病(黑头病)

组织滴虫是导致鸡盲肠和肝脏发生病变的一种病原体,其流行特点主要是通过消化道感染,尤其常见于火鸡和雏鸡,成年鸡同样存在感染风险。

【主要症状】

感染后的鸡只主要表现出精神萎靡、翅膀下垂、步履蹒跚、眼睛半闭、头部低垂以及食欲减退等症状。部分病鸡的鸡冠和髯部会出现发绀,呈现暗黑色,因此这种疾病也有"黑头病"之称,病程通常持续1～3周。

在病理剖检中,主要的病变部位集中在盲肠和肝脏。盲肠可能出现一侧或两侧的肿胀,肠壁增厚,内腔可见干酪状的凝固栓子。横切这些栓子,可见其呈现多层次的同心圆结构,中心部位是黑红色的凝血块,有时盲肠甚至会穿孔。肝脏则可能出现黄绿色的圆形坏死灶,直径可达1cm,这些坏死灶可能单独存在,也可能相互融合成片状。通过显微镜检查,可以在肝和盲肠的坏死区附近发现组织滴虫。[①]

【防治措施】

（1）采用二硝托胺,按饲料添加 125mg/kg 的剂量混匀后连续饲喂7～10d。

（2）预防方面,建议将雏鸡与成年鸡分开饲养,以避免交叉感染。由于火鸡对此病的易感性较强,且成年鸡往往是带虫者,因此火鸡与鸡应分开饲养,也不宜将原养鸡场改为养火鸡场。由于本病的传播主要依赖于鸡异刺线虫,因此定期驱除鸡体内的异刺线虫是防治本病的根本措施。

6.5.5 代谢性疾病的种类与防治

6.5.5.1 肉鸡猝死综合征

猝死综合征是青年鸡的一种营养代谢疾病,其确切的病因尚不清楚。这种疾病在肉用仔鸡中尤为常见,尤其以 3～4 周龄的鸡只发病率最高。

【主要症状】

病鸡在发病前往往没有任何明显的症状,会突然发作,失去平衡,并剧烈地拍打翅膀。大多数病鸡在死亡时呈现背卧姿势,一腿或双腿向外伸展或竖起,但也有部分鸡在伏卧或侧卧状态下死去。

对死亡鸡只进行病理剖检,通常会发现其整体状况看似良好,肠道

---

① 吴健.畜牧学概论[M].北京:中国农业出版社,2006:124.

内充满食物。肝脏会增大,颜色苍白且易碎,胆囊可能空虚或变小。肾脏颜色变白,肺脏出现淤血和水肿现象。心脏的心房会扩张,而心室通常处于收缩状态。

【防治措施】

(1)控制饲料密度、减少噪声和其他干扰因素。

(2)提高日粮中的蛋白质含量。

(3)在饲料中添加维生素 A、D、E、B。

6.5.5.2 肉鸡腹水综合征

【主要症状】

病鸡的主要症状表现为背毛粗乱,皮肤呈现发绀状态,呼吸急促,腹部异常膨大并充满液体。它们通常不愿意走动,叫声变得嘶哑,耐受性显著降低,有时甚至在捕捉过程中就会死亡。

对尸体进行剖检,可发现腹腔内有数量不等的淡黄色液体,其中夹杂着胶冻状凝块。肝脏可能出现肿大或萎缩,表面往往覆盖有一层胶冻样的渗出物。心脏变得松软,右心房或全心房出现肥大,心包内有积液。肺部出现充血和水肿,切开后常可见白色病灶。肾脏上沉积有尿酸盐。胃肠等内脏器官呈现高度淤血状态,颜色变为暗紫色。

【防治措施】

(1)采用消除腹水的药物来缓解症状。

(2)治疗过程建议采取综合措施:①消除病因;②适当减少光照时间,可以逐步从 8h 减少到 6h、4h,直至 2h;③加强通风,改善饲养环境;④使用腹水消 I 号进行治疗,在缺硒地区还应补充维生素 E 和硒粉。

6.5.6 中毒症及防治

6.5.6.1 黄曲霉毒素中毒

【主要症状】

雏鸡在 6 周龄以下时,对黄曲霉素毒素极为敏感,即使饲料中仅含有少量毒素,也可能引发急性中毒。中毒的雏鸡主要表现出鸡冠苍白、排出带有血色的稀便、身体虚弱,并陆续死亡。若不及时更换饲料,死亡率将持续上升。

病理剖检结果显示,中毒雏鸡的主要病变集中在肝脏,表现为急性肿大、弥漫性出血坏死,同时胆囊扩张,肾脏肿大。胸部皮下和肌肉有时也会出现出血现象。长时间慢性中毒可能导致胆管增生及肝癌等病变。[①]

【防治措施】

(1)避免使用发霉的饲料。一旦发现饲料霉变,应立即停止使用。若饲料仓库受到黄曲霉孢子的污染,可以使用福尔马林或过氧乙酸等消毒剂进行清洁,以消灭真菌孢子。

(2)对于已经中毒的病鸡,目前尚无特效解毒剂。但可以喂给葡萄糖水和 0.5% 的碘化钾溶液,同时使用盐类泻剂帮助清除嗉囊和胃肠道内的有毒物质。

6.5.6.2 食盐中毒

【主要症状】

鸡对食盐十分敏感,一旦摄入过多或饲喂方式不当,就可能发生中毒。中毒症状的轻重与摄入食盐的量和持续摄入的次数及时间有关。轻度中毒时,鸡会表现出饮水增加、粪便稀薄的现象,导致鸡舍地面变得潮湿。而在重度中毒的情况下,病鸡会显得精神萎靡,食欲完全丧失,饮水需求剧增,无休止地饮水,口鼻流出黏液,嗉囊膨胀,腹泻不止,步履不稳甚至瘫痪。随着病情的发展,病鸡会陷入昏迷状态,呼吸困难,有时还会出现神经症状,如感觉过敏、惊厥、头颈弯曲、仰卧挣扎,最终因衰竭而死亡。

通过病理剖检,可以观察到主要病变为皮下组织水肿、腹腔和心包积水、肺水肿,胃肠道黏膜充血、出血,脑膜血管充血扩张,肾脏和输尿管有尿酸盐沉积。

【防治措施】

(1)立即停止喂食含盐过多的饲料。对于轻度中毒的鸡,只需提供充足的新鲜饮水,它们就能迅速恢复正常。对于重度中毒的鸡,控制饮

---

① 张德群.动物疾病速查速治手册 [M].合肥:安徽科学技术出版社,2009:119.

水是必要的。因为一次性大量供应淡水可能会导致组织严重水肿,特别是脑部。因此,建议每隔 1 ~ 2h 有限地供应淡水。

（2）对于急性病例,通常没有有效的治疗措施。但轻度中毒的鸡,只要及时停止喂食含盐高的饲料,大多能够逐渐恢复健康。

（3）预防方面,食盐在饲料中的含量应控制在 0.25% ~ 0.5%,其中 0.37% 被认为是最适宜的。

参考文献

[1] 梁小军,侯鹏霞,张巧娥 . 肉牛规范化养殖技术 [M]. 北京：阳光出版社,2022.

[2] 王鸿英,付永利,于海霞 . 规模畜禽养殖场应急技术指南 [M]. 天津：天津大学出版社,2021.

[3] 王鸿英,于海霞,翟中葳 . 规模畜禽养殖粪污资源化利用技术 以天津市为例 [M]. 天津：天津大学出版社,2021.

[4] 区燕宜 . 畜禽养殖废弃物综合处理利用技术 [M]. 广州：广东科技出版社,2020.

[5] 陈彪 . 规模化畜禽养殖废弃物处理技术 [M]. 福州：福建科学技术出版社,2019.

[6] 张军 . 畜禽养殖与疫病防控 [M]. 北京：中国农业大学出版社,2019.

[7] 王月明,魏祥法 . 畜禽养殖污染防治新技术 [M]. 北京：机械工业出版社,2017.

[8] 魏刚才,赵新建,高冬冬 . 怎样提高肉牛养殖效益 [M]. 北京：机械工业出版社,2021.

[9] 张巧娥 . 肉牛养殖常见问题解答 [M]. 北京：阳光出版社,2020.

[10] 赵亚国,杨学云,李天亮 . 畜禽养殖基础 [M]. 银川：宁夏人民出版社,2020.

[11] 刘海波,惠永华,杜爱玲 . 畜禽养殖与疾病防控 [M]. 昆明：云南科技出版社,2019.

[12] 昝林森 . 肉牛规模健康养殖综合技术 [M]. 咸阳：西北农林科技大学出版社,2021.

[13] 高凤仙,钟元春 . 畜禽养殖场规划与设计 [M]. 长沙：湖南科学技术出版社,2010.

[14] 姜金庆,王学静,魏刚才 . 肉牛生态养殖实用新技术 [M]. 郑州：河南科学技术出版社,2020.

[15] 宋恩亮,张风祥 . 肉牛健康养殖技术 [M]. 北京：中国农业大学出版社,2013.

[16] 杨轩宁,赵萌萌,张鲁 . 人工授精技术在畜牧生产中的应用历程 [J]. 黑龙江动物繁殖,2023（1）：43–49+60.

[17] 李晓波,汲全柱 . 现代化规模猪场能繁母猪的管理措施 [J]. 中

国畜禽种业,2022,18（11）：113-116.

[18] 张春桂.能繁母猪饲养管理综合措施 [J].畜牧兽医科技信息,2022（10）：175-177.

[19] 刘少明.湖羊养殖技术 [J].中国动物保健,2023（6）：99-100.

[20] 蔚长辽.规模化湖羊养殖饲养与管理技术 [J].北方牧业,2023（6）：30-31.

[21] 许达.鸡马立克氏病的主要病理变化 [J].现代畜牧科技,2020（7）：76+78.

[22] 冯雪云.家禽常见疾病的特点与防治对策 [J].当代畜禽养殖业,2018（12）：60.

[23] 郭萌萌.复合益生菌发酵全株玉米、玉米秸秆及豆粕的效果研究 [D].咸阳：西北农林科技大学,2019.

[24] 黄枭,高星爱,郄登宝,等.饲用复合酶制剂对玉米秸秆的发酵效果研究 [J].安徽农业科学,2015,43（27）：124-125.

[25] 康永刚,廖云琼,朱广琴,等.揉丝微贮玉米秸秆对徐淮山羊生长性能、器官指数及血液生化指标的影响 [J].中国饲料,2021,17：129-134.

[26] 汤喜林,施力光,陈秋菊.肉牛健康养殖与疾病防治 [M].北京：中国农业科学技术出版社,2022.

[27] 韩兴荣.肉牛场建设场地、品种及饲料选择 [J].中国畜禽种业,2022,18（7）：89-90.

[28] 黄继珉.小型肉牛场的选址、规划与建设设计 [J].江西农业,2018（20）：43.

[29] 孙凯.家禽缺乏维生素引发的疾病及防治对策探析 [J].吉林畜牧兽医,2018,39（7）：30,33.

[30] 许彩霞.家禽常见疾病的预防及治疗 [J].湖北畜牧兽医,2018,39（7）：26-27.

[31] 高祎妍.玉米秸秆发酵菌剂的筛选优化及对黄贮效果影响研究 [D].长春：吉林农业大学,2019.

[32] 郭红伟.高效玉米秸秆生物饲料的研制及其在育肥猪生产中的应用研究 [D].郑州：河南农业大学,2013.

[33] 郭乐乐.发酵玉米秸秆营养成分分析及其对鸡饲喂效果的研究 [D].保定：河北农业大学,2013.

[34] 陈直,白献晓,徐照学,等.农村中小型肉牛场可持续发展的关键措施 [J].环境与可持续发展,2018,43（3）:23-25.

[35] 马为红,李嘉位,王志全,等.肉牛联合育种关键技术应用的研究进展 [J].中国畜牧杂志,2023,59（3）:70-76.

[36] 马园园.肉牛繁育场母牛饲养管理关键技术措施 [J].农家参谋,2019（24）:115.

[37] 杜文功.肉牛繁育存在的问题和品种改良建议 [J].中国畜禽种业,2021,17（9）:114-115.

[38] 黄利,邓伶.鸡传染性法氏囊病的防治 [J].兽医导刊,2020（11）:48.

[39] 董耀勇.禽脑脊髓炎的诊断和防控 [J].高牧兽医科技信息,2020（5）:159.

[40] 刘冰.鸡病毒性关节炎的诊断与防治措施 [J].当代畜禽养殖业,2020（2）:28.

[41] 李宏强.发酵饲料在生猪养殖中的应用 [J].甘肃畜牧兽医,2021,51（12）:63-65.

[42] 牛雅楠.发酵饲料在妊娠母猪中的应用效果 [J].中国动物保健,2021,23（4）:71+78.

[43] 聂俊辉,王通,岳斯源,等.生物发酵饲料对仔猪生长的影响 [J].中国饲料,2023（17）:118-123.

[44] 刘瑞丽,李龙,陈小莲,等.复合益生菌发酵饲料对肥育猪消化与生产性能的影响 [J].上海农业学报,2011,27（3）:121-125.

[45] 任青松.河北省肉牛规模化养殖发展对策研究 [D].保定:河北农业大学,2019.

[46] 於保龙.肉牛繁育存在的问题和解决对策 [J].畜禽业,2022,33（3）:65-67.

[47] 刘松雁.肉牛繁育场母牛饲养管理关键技术措施 [J].中国畜牧兽医文摘,2018,34（3）:95.

[48] 同彩琴.肉牛繁育场母牛和犊牛的护理及疫病防控 [J].畜牧兽医科技信息,2022（6）:126-128.

[49] 王丽波.肉牛繁育改良应注意的几个问题 [J].中国畜禽种业,2021,17（3）:100-101.

[50] 贺建龙.肉牛饲养管理关键技术探讨 [J].甘肃畜牧兽医,2022,

52（11）：69-71.

[51] 赵慧慧. 肉牛短期育肥饲养管理技术分析 [J]. 智慧农业导刊, 2022, 2（13）：65-67.

[52] 吴成平. 肉牛饲养管理及常见病治疗 [J]. 畜禽业, 2022, 33(2)：63-64.

[53] 于滨, 冯曼, 宋连杰, 等. 肉牛营养饲料与肥育研究进展 [J]. 中国牛业科学, 2022, 48（2）：45-49+78.

[54] 尚丽娟. 降低育肥肉牛饲养成本的措施 [J]. 中国畜禽种业, 2023, 19（2）：173-175.

[55] 张遨然, 魏明, 王红梅, 等. 生物发酵饲料在无抗养猪生产上的应用研究进展 [J]. 猪业科学, 2021, 38（1）：42-46

[56] 刘莹, 王晓斌. 发酵饲料对母猪繁殖性能、养分表观消化率及仔猪生长性能的影响 [J]. 饲料研究, 2023, 46（23）：24-27.

[57] 罗文, 许超华, 张一筝, 等. 发酵饲料在哺乳母猪生产中的应用研究进展 [J]. 中国畜牧杂志, 2022, 58（6）：17-21.

[58] 王勇, 薛海鹏, 亓宝华, 等. 生物发酵饲料在生长育肥猪中的应用 [J]. 中国动物保健, 2021, 23（9）：70+72.

[59] 余群莲, 杨小龙, 陈华云, 等. 发酵饲料在生猪养殖中发挥的功能性作用 [J. 猪业科学, 2023, 40（12）：36-37.

[60] 夏邹. 发酵饲料液态饲喂对断奶仔猪生长性能和肠道健康的影响 [D]. 雅安：四川农业大学, 2021.

[61] 王加启. 青贮与全混合日粮裹包技术的研究与应用 [J]. 饲料与畜牧(新饲料), 2009（11）：11-14.

[62] 白春生, 玉柱, 薛艳林, 等. 裹包层数对苜蓿拉伸膜裹包青贮品质的影响 [J]. 草地学报, 2007, 15（1）：39-42.

[63] 杨志刚, 沈益新, 陈阿琴. 纤维素酶在青贮饲料中的应用 [J]. 饲料博览, 2002（1）：39-41.

[64] 马晨龙. 全株玉米秸秆拉伸膜裹包青贮对肉牛育肥效果试验 [J]. 甘肃畜牧兽医, 2020, 50（5）：59-60+63.

[65] 范金星, 张涛, 徐平珠, 等. 裹包青贮苜蓿替代苜蓿干草对奶牛奶产量及乳成分的影响 [J]. 家畜生态学报, 2019, 40（11）：79-82.

[66] 马先锋, 周泉佚. 苜蓿干草与裹包青贮甜高粱混合饲喂肉羊育肥效果试验研究 [J]. 畜牧兽医杂志, 2018, 37（5）：60-62+65.

[67] 刚永和,张海博,杜江,等.拉伸膜裹包青贮燕麦饲草冬季饲喂幼龄绵羊的效果 [J]. 草业科学,2019,36（7）:1890-1896.

[68] 张洪燕.桑叶发酵改性和在肉牛瘤胃中降解特性的研究 [D].重庆:西南大学,2017.

[69] 覃方锉,赵桂琴,焦婷,等.含水量及添加剂对燕麦捆裹青贮品质的影响 [J]. 草业学报,2014,23（6）:119-125.

[70] 曹蕾,王汝富,张万祥,等.不同添加剂对紫花苜蓿拉伸膜裹包青贮饲料品质的影响 [J]. 中国草食动物科学,2019,39（3）:26-28,32.

[71] 师希雄,曹致中.甲酸对苜蓿草渣青贮饲料营养价值的影响 [J].甘肃农业大学学报,2005,40（6）:773-776.

[72] 张艳宜,李霞,王季,等.裹包层数对甜高粱青贮饲料品质的影响 [J]. 草地学报,2017,25（3）:670-674.

[73] 崔国文,徐春阳,刘护国,等.紫花苜蓿半干捆包青贮技术的研究 [J]. 中国草地,2005,27（4）:15-19.

[74] 熊积鹏,崔燕.不同收获期全株玉米青贮的营养成分分析 [J].甘肃畜牧兽医,2015,45（9）:27-29.

[75] 阿依丁,李学森,王博,等.三种豆科牧草捆裹青贮技术初步研究 [J]. 草食家畜,2005（1）:59-60,63.

[76] 叶添梅,李霞,李飞鸣,等.桑叶粉饲料生物发酵工艺试验 [J].四川蚕业,2020,48（2）:33-36.

[77] 朱文娟.桑叶单宁降解菌筛选、发酵工艺及发酵桑叶在卸鱼养殖中的应用 [D]. 长沙:湖南农业大学,2021.

[78] 向敏.桑叶乳酸菌发酵及其品质特性研究 [D].重庆:西南大学,2021.

[79] 樊路杰.桑叶对育肥猪生长发育、脂质代谢和肉品质的影响 [D].咸阳:西北农林科技大学,2019.

[80] 黄静,邝哲师,廖森泰, 等.桑叶粉和发酵桑叶粉对胡须鸡生长性能、血清生化指标及抗氧化指标的影响 [J]. 动物营养学报,2016,28（6）:1877-1886.

[81] 胡仁建,杨丽群,蔡家利,等.提高发酵桑叶饲料必需氨基酸含量的复合菌剂 [J].蚕业科学,2015,41（5）:902-907.

[82] 孙琦.微生态桑葚叶发酵研究 [D].大连:大连工业大学,2016.

[83] 李昊帮, 罗阳, 肖建中, 等. 发酵桑叶对湘西黄牛 × 利木赞杂交 F1 代育肥牛屠宰性能、肉品质及肌肉中氨基酸、脂肪酸含量的影响 [J]. 动物营养学报, 2020, 32（1）: 244-252.

[84] 黄世洋, 黄华莉, 黄文丽, 等. 不同菌种产品微贮桑枝秸秆试验效果初报 [J]. 广西畜牧兽医, 2018, 34（3）: 142-145.

[85] 黄光云, 何仁春, 罗鲜青, 等. 不同微生物添加组合对桑枝叶青贮效果的影响 [J]. 中国牛业科学, 2020, 46（4）: 16-20.

[86] 李冬兵, 黄先智, 刘学锋, 等. 桑枝叶和蚕沙混合青贮前后营养变化及饲料价值评价 [J]. 饲料研究, 2021, 44（10）: 83-87.

[87] 俞文靓, 庞天德, 易显凤, 等. 全混合发酵饲料对肉用水牛生长、消化及血清生化指标的影响 [J]. 饲料工业, 2020, 41（3）: 45-48.

[88] 黄志荣, 梁源春, 黄世洋, 等. 桑枝叶微贮饲料不同饲喂水平对山羊生长和屠宰性能的影响 [J]. 云南畜牧兽医, 2018（6）: 1-4.

[89] 王嘉琦. 青贮桑枝叶对奶牛泌乳性能、血液代谢及瘤胃内环境的影响 [D]. 杭州: 浙江大学, 2021.

[90] 郝森林, 邹颖, 余元善, 等. 桑果渣营养成分分析及果渣饲料发酵工艺研究 [J]. 蚕业科学, 2019, 45（4）: 563-568.

[91] 郝森林. 桑果渣的发酵特性及其对肥育猪生长性能、肌肉品质的影响 [D]. 南昌: 江西农业大学, 2019.

[92] 连玉霞. 畜牧养殖中动物疾病病因及防控策略 [J]. 今日畜牧兽医, 2021（5）: 15.

[93] 杨玉芝. 畜牧养殖中动物疾病病因及防控 [J]. 畜牧兽医科学(电子版), 2021（4）: 176-177.

[94] 侯俊山, 贾丽萍. 畜牧养殖的动物疾病病因及防控措施 [J]. 中国动物保健, 2021（1）: 4+6.

[95] 孟换换. 畜牧养殖中动物疾病病因与防控策略浅析 [J]. 吉林畜牧兽医, 2022（7）: 127-128.

[96] 杨月新. 畜牧养殖动物疾病病因与防控措施 [J]. 畜牧兽医科学(电子版), 2022（6）: 16-18.

[97] 汪卫民. 中国生态农业的若干理论问题 [J]. 广西农学报, 2018（3）: 4-8.

[98] 王国玉 . 绿色经济倡议与中国农业发展对策 [J]. 南方农业，2018（8）：79+81.

[99] 王燕 . 畜牧养殖污染环境综合治理探讨 [J]. 今日畜牧兽医，2019（12）：53.